Dirk Decker

JAGD REISEFIEBER

Jagen mit Freunden in Europas Revieren

Müller Rüschlikon

Einbandgestaltung: R2 I Ravenstein, Verden

Titelfoto: ©peter galacz/EyeEm/stock.adobe.com; Foto auf der Cover-Rückseite: Budimir Jevtic/stock.adobe.com; Autorenfoto auf der Cover-Rückseite: Archiv Dirk Decker

Bildnachweis: Die Bilder im Innenteil stammen von Dirk Decker bzw. Mitgliedern der jeweiligen Jagdgruppe; die Grafiken unter den grünen Infokästen stammen von Adobe Stock/stock.adobe.com: wectorcolor S. 15; khius S. 21; kapona S. 31, 113, 167, 191, 221; SunnyS S. 39; Aleksandra S. 51; Andreichenko S. 65; yik2007 S. 77; Kateina S. 87; k_yu S. 101; lenny S. 125; PYRAMIS S. 139; viconda@gmail.com S.155; Ana Gram S. 177; Margosoleil S. 209. Alle weiteren Bildquellen stammen von Adobe Stock/stock.adobe.com und finden sich direkt am entsprechenden Foto.

ISBN 978-3-275-02265-6

Postfach 103743, 70032 Stuttgart
Ein Unternehmen der Paul Pietsch Verlage GmbH & Co. KG

1. Auflage 2022

Sie finden uns im Internet unter www.mueller-rueschlikon-verlag.de

Gesamtleitung: Claudia König
Lektorat: Angelika Glock, www.wuppermanufaktur.de
Innengestaltung: Angelika Glock, www.wuppermanufaktur.de
Druck und Bindung: Graspo CZ, 76302 Zlin
Printed in Czech Republic

Vorwort

„Du erhältst den Stand des Jagdkönigs der letzten Jagd“, ließ mich der Jagdherr nach der Begrüßung wissen. Unwohlsein kroch meine Glieder empor. Natürlich war es eine Art der Ehrerbietung, aber den vermeintlich sicheren Jagderfolg wollte ich nicht garantiert bekommen. Aber ablehnen konnte ich auch nicht, fügte mich schließlich meinem Schicksal, und prompt ging es schief. Ich hatte eine Rotte in den dichten Brombeerdornen falsch angesprochen und legte neben einem 30-kg-Frischling eine Bache von gut 50 kg auf die Schwarte. Diese war nicht frei und handelte mir einiges an Schelte ein.

Jagd wird für mich durch die Spannung vor dem Ungewissen geprägt. Der Satz „Fuchs kann immer kommen!“ bringt es ganz gut auf den Punkt. Dies gilt sowohl für das heimische Piddeln im Niederwildrevier als auch für die großen Drückjagden auf Schalenwild und natürlich auch uneingeschränkt für meine vielen Auslandsjagden der vergangenen Jahre. Nicht die Masse an Beute, nicht die starke Trophäe und schon gar nicht der sichere Jagderfolg standen bei meinen Reisen im Vordergrund. Immer ging es mir um das intensive Erleben meiner Art zu jagen. Komprimiert über mehrere Tage hinweg. Im Idealfall zusammen mit Gleichgesinnten mit ähnlichen moralischen und ethischen Ansprüchen an die Jagd, mit genügend Demut und Respekt vor unserer Schöpfung. Nur dann war die gemeinsame Freude über den Jagderfolg der krönende Abschluss einer Jagdreise.

In Erinnerung bleiben die besonderen Erlebnisse. Diejenigen, die einen tief berührt haben. Die positiven meist geprägt vom erlösenden Glücksgefühl nach durchlebten Strapazen. Die negativen meist bestimmt durch eigene Unzulänglichkeiten oder die meiner Begleiter.

In Erinnerung bleiben die besonderen Jäger aus fremden Ländern. Diejenigen, die die Jagd genauso wertschätzen wie ich selbst. Aber leider auch die, die kaum Ehrfurcht vor der Jagd haben und diese schamlos ausnutzen, um sich an der Natur zu bereichern.

In Erinnerung bleiben die besonderen Orte, an denen ich jagen durfte. Von besonderer Naturschönheit, mit bewegter Geschichte oder gelebter Tradition.
Niemals möchte ich diese Erfahrungen missen, und niemals werde ich zu bequem sein, neue Erfahrungen zu machen.

Dirk Decker
kurz vor Vollmond im Februar 2022

©Rudi REINER/stock.adobe.com

DIE ERSTE

Im Frühjahr 1984 beendete ich mit dem Abitur mein Dasein als Schüler. Nicht nur für mich das Ende eines prägenden Lebensabschnittes, sondern auch für meine Eltern etwas Besonderes. Ich hatte nicht damit gerechnet, aber ihnen war es wichtig, mir ihre Wertschätzung zu zeigen. Eine Gamsjagd im kommenden September war das Geschenk meiner Eltern zum erfolgreich bestandenen Abitur. Zusammen mit Carl und Egon, zwei guten Jagdfreunden meiner Eltern, sollte es in die Steiermark nach Österreich gehen. Ich hatte inzwischen Hunderte Tauben und Kaninchen erlegt, meine ersten Füchse im Schneehemd geschossen und an den ersten größeren Hasentreibjagden teilgenommen. Aber ein Stück Schalenwild war mir noch nicht vergönnt gewesen. Die Feldrehe in unserem Niederwildrevier waren heilige Kühe und wurden konsequent nicht bejagt, und andere Möglichkeiten hatte ich nicht. Blumenkind war ich auf Carls Hochzeit vor vielen Jahren, und nun durfte ich mit diesem erfahrenen Jäger auf Gämse pirschen! Ja, das war in der Tat etwas ganz Besonderes, dem ich die nächsten Wochen entgegenfiebern sollte.

Zwischen der Anmeldung zum Forststudium und einem Zelturlaub mit meiner damaligen Freundin in Frankreich bemühte ich mich, meine Ausrüstung für die Gebirgsjagd zusammenzustellen. Zunächst musste vernünftiges Schuhwerk her, und die gewohnten Jagdstiefel wurden durch feste Meindl-Wanderschuhe ersetzt. Ein paar Gamaschen dazu, und die Berge konnten kommen. Der alte Jagdrucksack meines Vaters war noch gut genug und musste nicht ersetzt werden. Auch sein Spektiv würde gute Dienste leisten. Viel mehr Kopfzerbrechen bereitete mir die Sorge, dass ich unter Umständen auf sehr große Entfernungen würde schießen müssen. Das hatte ich bisher noch nie gemacht, und auch die 11,7 g schweren Kugeln für die .30-06 meines Vaters passten nicht wirklich. So wurde ein leichteres Geschoss besorgt und die Waffe im freien Feld auf 185 m eingeschossen. Die 10 m hohe Autobahnböschung in unserem Niederwildrevier bot hierfür einen sicheren Kugelfang. Bis 200 m saßen die Treffer eigentlich ganz vernünftig auf dem Karton, darüber hinaus wurde es allerdings ziemlich hanebüchen.

Wir kalkulierten etwa neun Stunden Autofahrt bis zu unserem Ziel in Schladming. Früh setzten wir uns in Bewegung, um noch im Hellen vor Ort zu sein. Der Revierinhaber führte mit seinem Sohn einen kleinen Gasthof mit Hotelbetrieb. Carl und Egon fuhren schon seit vielen Jahren hierhin zur Jagd und waren inzwischen gut mit ihm befreundet. Sepp war ein österreichischer Gebirgsjäger, wie er im Buche steht. Rauschebart, von kleiner Statur und für sein Alter noch recht drahtig. Der Wirt begrüßte uns herzlich. Beim Abendessen planten wir die kommenden Tage. Sepp würde uns die ersten Tage allein führen, da sein Sohn zu viel zu tun hätte. Da sich Carl und Egon im Revier gut auskannten, sollten die beiden gemeinsam und ich mit Sepp als Führer in den Berg steigen.

Start- und Zielpunkt meiner ersten Auslandsjagd (Foto: ©ah_fotobox/stock.adobe.com)

Die Nacht war kurz, und nach einem stärkenden Frühstück ging es endlich los. Eine halbe Stunde Autofahrt brachte uns über kleinere Nebenstrecken zu einem Parkplatz am Fuße der Berge. Sepp verteilte den Proviant für die kommenden Tage auf unsere Rucksäcke, und dann ging es, die Büchsen geschultert, an den Aufstieg zur Almhütte. Die Luft im Tal war angenehm kühl, und die ersten Meter durch den Bergwald brachten uns kaum außer Atem. Nach gut drei Stunden Fußmarsch hatten wir die Baumgrenze und somit gut drei Viertel unserer Wegstrecke geschafft.

Die Sonne strahlte vom Himmel und wärmte angenehm unsere Gesichter. Ein grandioser Panoramablick folgte dem nächsten. Mir war diese Welt bisher völlig unbekannt, hatten unsere Familienurlaube doch meist am Meer stattgefunden.

Sepp hielt zwischendurch immer mal wieder Ausschau nach Gamswild. Oft schon hatte sich beim Aufstieg zur Hütte eine Möglichkeit geboten. Zwei Birkhennen fühlten sich gestört, aber sonst blieb es ruhig. Noch eine Rechtskurve, und die Jagdhütte kam endlich in Anblick. Die kleine Holzhütte mit dem Schindeldach befand sich in einer grandiosen Lage.

So hatte ich es mir erträumt. Beinahe rundum hatte man eine unbeschreibliche Sicht in die Tiefe der Alpen. Hangabwärts über ein weites Tal bis auf die benachbarten Berggipfel, hangaufwärts bis in die schneebedeckten Bereiche über den Geröllfeldern. Die kleine Veranda war nach Südwesten orientiert, sodass sie bis spät in den Nachmittag hinein von der Sonne beschienen wurde. Ein kleiner Bergbach neben der Hütte spendete frisches Wasser zum Kochen und Waschen. Das Plumpsklo lag etwa 20 m von der Hütte entfernt und hatte, wie konnte es anders sein, ein Herz in der Tür. Das Innere der Hütte bestand aus einem kleinen Vorraum und einem etwa 3 x 4 m großen Wohnraum. An der einen Wand zwei Doppelstockbetten, an der anderen ein Tisch mit zwei Bänken. Vor Kopf der gusseiserne Ofen, der nicht nur Wärme spendete, sondern auch als Kochstelle diente. Alles war auf das absolut Notwendigste reduziert.

Sepp stochte den Ofen an, und wir verstauten die wenigen Dinge aus unseren Rucksäcken. Ein Pirschgang war an diesem Tag nicht mehr vorgesehen, dafür war es auch längst zu spät. Nach dem kräftezehrenden Aufstieg mussten wir uns erst einmal stärken. Mehlsterz stand auf der Speisekarte. Das für die Steiermark typische Armeleuteessen schmeckt deftig und stillt selbst den größten Hunger. Hierzu wird Roggenmehl so lange in Schmalz geröstet, bis es hellbraun ist. Dann gießt man siedendes Wasser über das geröstete Mehl, rührt das Ganze ab und röstet den Teig weiter in der Pfanne. Anschließend zersticht man den Teig in kleine Stücke und salzt ihn unter stetigem Wenden etwas ab. Nach einigen Minuten des Abkühlens gibt man Speckwürfel hinzu, um dann den Sterz noch einmal kurz zu erhitzen. Selbst diese wohlschmeckende Mahlzeit war so minimalistisch wie die ganze Szenerie hier oben auf dem Berg. Ich fühlte mich pudelwohl.

Kaffeeduft holte uns sanft aus dem Schlaf. Draußen war es noch dunkel. Das Frühstück war einfach und verlief etwas wortkarg. Im Morgengrauen setzten Sepp und ich uns in Bewegung. Es war bitterkalt, wolkenverhangen und ziemlich diesig. Ein wenig Schnee hatte über Nacht die Landschaft in ein weißes Gewand gehüllt. Wir hielten uns zunächst an den Wanderpfad, den wir am Vortag erklommen hatten. Je heller es wurde, desto heftiger zog Nebel auf. Hin und wieder eröffnete der aufkommende Wind Blicke in den Berg, aber meist blieb die Sicht unter 50 m. Eine

Wetteränderung war nicht in Sicht. Das hatte so keinen Zweck. Nach zwei Stunden waren wir etwas frustriert wieder zurück an der Hütte. Den Tag verbrachten wir beim Kartenspiel, mit Gamsjagd-Anekdoten aus den vergangenen Jahren und der Hoffnung auf Wetterbesserung. Die stellte sich über Nacht ein. Schon am Abend waren die ersten Sterne am Himmel zu sehen, und morgens war es sternenklar.

Wieder wählte Sepp zunächst den Weg Richtung Tal. Vor Erreichen der Baumgrenze ging es seitlich in den Berg. Mein Führer legte ein mäßiges, aber konstantes Tempo vor. Gekonnt kletterte er zwischen den Felsbrocken den Hang hinauf. Ich hatte im Vorfeld etwas Sorge, konnte aber gut mithalten. Immer wieder hielten wir inne, um die Felsen nach Gamswild abzusuchen. Weit über das Tal hinweg machte Sepp einen Bock aus. Ich brauchte einige Minuten, um die Gams ins Glas zu bekommen. Für uns nicht erreichbar, aber immerhin mein erster Anblick. Ich konzentrierte mich im Wesentlichen darauf, Sepp sicher und schnell genug zu folgen. Er würde so oder so das Wild eher entdecken als ich. Wir waren vielleicht gut eine halbe Stunde vom Weg entfernt, als mich Sepp aufforderte, in Deckung zu gehen. Hinter einer steilen Kluft stand im Gegenhang eine Gams. Dieses Mal hatte auch ich sie bereits erblickt.

Sepp nahm sich einige Minuten Zeit zum Ansprechen. „Bock. Der passt!“, urteilte er kurz und knapp. Noch waren wir etwas zu weit entfernt. Im Schutz der Felsen pirschten wir Meter um Meter näher heran. Ein mannshoher Felsen schien zu passen. Sepp prüfte noch einmal seine Einschätzung und nickte dann aufmunternd. Er richtete den Rucksack als Auflage ein. So wirklich passte mir die Schussposition nicht, und gern hätte ich sie ein wenig verändert. Aber Sepp war nun mal derjenige, der die Situation bestimmte, und ich traute mich nicht, daran zu rütteln. Die Entfernung war für mich schwer einschätzbar. Im Fadenkreuz erschien mir der Gamsbock recht klein, sodass ich auf etwa 180 m tippte. Der Zielstachel wackelte ständig aus dem Stück. Verdammt, meine Position ließ einfach

Die Abitur-Gams

kein sicheres Zielen zu. Ein wenig fühlte ich mich gedrängt, nun endlich mein Glück zu probieren. Die Waffe eingestochen, wackelte ich mich ins Ziel und ließ fliegen. Ein Donner schallte durch das Tal. Der Bock warf auf, zeigte aber keine weitere Regung. „Vorbei! Probier es noch einmal!"

Wie lange würde die Gams es wohl aushalten? Der zweite Schuss war entsprechend schnell aus dem Lauf. Wieder vorbei. Die Gams machte zwei Sätze den Hang hinunter und stand erneut scheibenbreit. Ich hatte kaum Zeit, mir große Gedanken zu machen. Also noch einmal: Durchrepetiert, eingestochen, die Waffe fest eingezogen, und die dritte Kugel verließ den Lauf. Der Bock sackte hinten ein, machte sich wieder auf, um sich dann den Hang hinunter zu überschlagen. Auch ich hatte gesehen, dass der Schuss weich getroffen hatte. War mir die Situation peinlich, drei Schüsse und dann auch noch ein schlechter Treffer. Aber Sepp schien mein Unvermögen gelassen zu nehmen. In Ruhe packten wir alles zusammen und planten die nächsten Schritte. Wir wollten der Gams genug Zeit geben, ausreichend krank zu werden. 15 Minuten warteten wir ab, um uns dann endlich in Bewegung zu setzen. Sepp war einige Meter voraus und entdeckte die Kranke zwischen den Felsen zuerst. Er wies mich so ein, dass ich ihr einen sicheren Fangschuss auf den Träger geben konnte. Am Stück erntete ich ein kräftiges Weidmannsheil. Aber so richtig verdient hatte ich es eigentlich nicht, da konnten auch die aufbauenden Worte meines Führers nicht helfen.

Gemeinsam versorgten wir das Stück. Die Gams geschultert, ging es zurück Richtung Weg. Kurz davor hängten wir den Bock in eine klein gewachsene Latschenkiefer. Bei den niedrigen Temperaturen könne sie hier ruhig bis zum Ende der Jagd hängen bleiben. Vielleicht hätte aber auch sein Sohn Zeit, sie zwischendurch zu holen, meinte Sepp. Ich war froh, die Gams nicht bis zur Hütte hinauf bergen zu müssen. Egon und Carl freuten sich über mein Jagdglück und bemühten sich, meine Selbstzweifel auszuräumen. Sepp holte den Obstler aus dem Regal und gemeinsam tranken wir meinen Gamsbock tot.

Am Nachmittag stieg Carl allein in den Berg. Er wählte die Route hangaufwärts in Richtung der schneebedeckten Gipfel. Von der Hütte aus konnten wir ihn immer wieder ins Spektiv bekommen. Dort oben gebe es eine Notunterkunft an einem kleinen Bergsee in einem Talkessel, hieß es. Was hätte ich darum gegeben, Carl begleiten zu dürfen. Aber auch hier unten war es spannend genug. Im Schnee konnten wir ein größeres Geraffel ausmachen. Etwa 20 Geißen, Kitzen und junge Böcke standen unweit vor Carl. So erschien es uns zumindest im Spektiv. Vor Ort gestaltete sich die Situation jedoch völlig anders. Zwischen Carl und dem Scharwild befanden sich durchaus noch einige Meter, und die Sicht war durch einen Felsvorsprung verstellt. Endlos lange dauerte es, bis endlich der Schuss brach. Sepp stieg ihm entgegen, um beim Bergen zu helfen. Zwei Gämsen an einem Tag, das war auch für ihn außergewöhnlich.

Am nächsten Morgen durfte ich Sepp und Egon begleiten. Bergstock, Spektiv und ein wenig Proviant, mehr brauchte ich nicht. Das Wetter war klar und die Sicht ausgesprochen gut. Wir machten weit über das Tal hinweg eine Gams aus. Sie schien zu passen, einigermaßen sicher erreichbar, und auch das Bergen sollte dort oben möglich sein. Einen Teil des Weges konnte ich die beiden noch begleiten, dann wies mich Sepp an, zurückzubleiben und das Geschehen von hier aus zu beobachten. Die Gams war sicher noch mehrere Hundert Meter entfernt. Fast zwei Stunden brauchten die beiden, um ihr ausreichend nahe zu kommen. Auch Egon machte es besser als ich. Ein sicherer Schuss ließ den Bock im Felsen tödlich zusammenbrechen. Ich saugte jeden Schritt der beiden bis zum erfolgreichen Schuss auf und erlebte Egons Jagdglück, als wenn ich selbst geschossen hätte.

Sepps Sohn überbrachte am Nachmittag die traurige Nachricht, dass eine gute Freundin von Carls Familie während seiner Abwesenheit verstorben sei. Die Stimmung war gedrückt, und wir beschlossen, die Jagd zwei Tage früher als geplant abzubrechen. Wir verbrachten noch einen geselligen Abend im Wirtshaus, lauschten den spannenden Geschichten des jungen Wirtes über seine Bärenjagd in Alaska und rüsteten uns dann für die Heimreise. Einige Wochen später trafen wir uns mit unseren Trophäen bei Egon zum Gamsessen und ließen die leider viel zu kurz gekommenen Momente unserer Jagd in den Alpen noch einmal Revue passieren.

Natürlich wird mir diese Reise immer in Erinnerung bleiben. Es war meine erste Jagd im Ausland. Es sollte bis heute meine einzige Jagd auf Gamswild in einer mir unbekannten Gebirgslandschaft bleiben. Es war eine Jagd, die ursprünglicher nicht hätte sein können. Es war eine Jagd mit zwei guten Freunden, die ihr Handwerk verstanden. Es war eine Jagd, die mir aber auch Grenzen aufgezeigt hat. Auch wenn sie mit der Erlegung des Gamsbockes ein gutes Ende fand, wollte ich meine Schlüsse daraus ziehen und bemühte mich fortan, stets bestmöglich auf derartige Herausforderungen vorbereitet zu sein. All diese ersten Eindrücke waren letztlich prägend für meine Jagdreisen der kommenden Jahre.

Jagd:	Pirsch auf Gamswild
Ort:	Schladming, Österreich
Revier:	privat
Datum:	September 1984
Strecke:	2 Gamsböcke und 1 Gamsgeiß
Anzahl Schützen:	3
Vermittler:	privat

©DoraZett/stock.adobe.com

Der Zauberer

Meine Eltern hatten seit zwei Jahren ein Hochwildrevier in der Eifel gepachtet, und ich erhielt endlich die Möglichkeit, auch auf Schalenwild intensiver zu jagen. Seit meiner Abitur-Gams war nur ein Überläuferkeiler im Rahmen eines Praxissemesters während meines Forststudiums hinzugekommen. Aber nun eröffneten sich mir genügend Gelegenheiten, auf Rot-, Schwarz- und Rehwild zu jagen.

Zu den guten Freunden, die sich regelmäßig im Jagdhaus meiner Eltern trafen, gehörten Carl, den ich Jahre zuvor zur Gamsjagd nach Österreich begleiten durfte, Friedrich, ein Landwirt und guter Freund der Familie aus der Nachbarschaft, und natürlich Josef, ebenfalls Landwirt und ein gern gesehener Gast auf unseren heimischen Niederwildjagden. Josef kannte ich schon von Kindesbeinen an. Wenn wir als Knirpse mit auf Fasanen durften und mal wieder in den Rüben schlappmachten, war er oft zur Stelle und trug uns bis zum Ende der Furche. Er schoss eine exzellente Flinte und wurde gefühlt auf jeder zweiten Niederwildtreibjagd zum Jagdkönig gekrönt. Nicht nur auf Jagdgesellschaften hatte er dabei stets den Schalk im Nacken, sondern auch privat sorgte er immer wieder für eine ausgelassene und lustige Stimmung. Vom Alter her lag Josef fast genau zwischen mir und meinen Eltern. Seit Jahren schon fuhr er einmal im Jahr mit einer erlesenen Jagdgruppe nach Ungarn zur Drückjagd. Wie sehr habe ich seine vielen Geschichten geliebt, die er von diesen Reisen zu berichten hatte.

Im Frühjahr 1991 fragte mich Josef dann, ob ich mir vorstellen könne, auch einmal im Ausland auf Schwarzwild zu jagen. Grundsätzlich hatte ich natürlich große Lust, aber nach Abschluss meines Studiums und zugleich zu Beginn meiner beruflichen Karriere waren die finanziellen Möglichkeiten doch etwas begrenzt. Ungarn schied also aus, aber eine günstigere Reise nach Polen lag durchaus im Rahmen meiner Möglichkeiten. Diese gemeinsame erste Drückjagdreise sollte der Beginn einer intensiven und besonderen Jagdfreundschaft werden. Inzwischen haben wir fast 30 Jagdreisen und unzählige unvergessliche Momente zusammen erlebt.

Neun Jäger hatten sich unter der Leitung des leider schon lange verstorbenen Rolf zusammengefunden, um gemeinsam im Nordwesten Polens, etwas nördlich von Bydgoszcz, auf Sauen und Rotwild zu jagen. Die meisten waren älter als Josef und ich, und nicht alle zählten zu unserem Bekanntenkreis. Ein kleines Wagnis bestand also, wussten wir doch allesamt nicht, ob die Einzelnen auch in der Lage waren, harmonisch in einer Gruppe gemeinsam zu jagen. Da wir uns in mehreren privaten Pkws auf den Weg nach Polen machten, ergab sich auch während der Anreise kaum eine Möglichkeit, einander näher kennenzulernen. Uns hatte man Herbert, den ewigen Junggesellen, als Beifahrer zugeteilt. Nach einer anstrengenden Autofahrt hofften wir, dass wenigstens die anderen eine etwas umgänglichere Art haben würden.

Die Reise führte uns in das 9.113 ha große Staatsrevier Różanna zwischen Danzig und Bydgoszcz in der Woiwodschaft Kujawien-Pommern. 140 Stück Schwarzwild, 30 Stück Rotwild und ungefähr 100 Rehe kamen hier jährlich zur Strecke. Knapp zwei Drittel des ausnahmslos flachen Reviers waren bewaldet, der Rest bestand aus weitläufigen Ackerflächen. Der Wald war vorwiegend mit Nadelwäldern, insbesondere Kiefern, bestockt. Nur etwa 30% betrug der Anteil an Laubbäumen wie Birken, Buchen, Erlen und Zitterpappeln. Zahlreiche, teilweise sehr großflächige Seen prägten das Landschaftsbild.

Kujawien-Pommern (Foto: ©jesiotr9/stock.adobe.com)

Am Ufer eines dieser Gewässer lag völlig einsam und idyllisch unsere Unterkunft, das Haus des örtlichen Försters und seiner Familie. Für die Zeit unserer Anwesenheit waren die Kinder ausquartiert worden, um genügend Platz zu schaffen. Nur noch der Förster mit seiner Ehefrau und seiner Mutter sowie den beiden Hunden, einem Pudelpointer und einem Dackel, war noch vor Ort. Auch wenn das Haus groß war, konnte dennoch nicht jedem ein eigenes Schlafzimmer zugeteilt werden. Josef und ich nahmen mit dem Wohnzimmer vorlieb, ich erhielt das provisorische Bett auf der Familiencouch neben dem Klavier. Gegessen wurde an einem langen Holztisch in der Küche. Dort zauberten Ehefrau und Mutter deftige polnische Köstlichkeiten für uns hungrige Jäger. So beengt alles auch war, so gemütlich und familiär fühlte es sich an.

Mir war es vergönnt, das erste Stück Wild unserer Reise zu erlegen. Alttier und Kalb wechselten in kurzer Distanz, aber mit hohem Tempo aus dem Treiben. Leicht spitz von hinten konnte ich im dichten Unterholz eine Kugel antragen, und das

Kalb lag nach kurzer Flucht. Freudig übergab mir der Jagdleiter den Bruch und ließ durchblicken, dass er mir dies schon am Vorabend bei der Einstimmung auf die Jagd zugetraut habe. Wie er zu dieser Auffassung kam, war mir nicht ganz klar, aber gut tat es trotzdem. Natürlich wusste ich, dass ich noch recht grün hinter den Ohren war. Mir fehlte fast jegliche Drückjagderfahrung, und ich saugte wissbegierig jeden nützlichen Hinweis der Erfahreneren auf. Aber auch unter diesen gab es große Unterschiede. Josef zählte sicherlich zu den Meistern, andere eher zu den Gesellen, trotzdem konnte ich von allen etwas lernen.

Im Revier bewegten wir uns vorwiegend mit alten russischen Militärfahrzeugen der Marke UAZ. Uljanowski Awtomobilny Sawod, kurz UAZ, ist ein ehemals sowjetischer Autohersteller aus Uljanowsk, einer russischen Großstadt an der Wolga. Dabei kamen meist der legendäre Geländewagen UAZ-469 und der Kleinbus UAZ-452, der russische „Brotlaib" auf Rädern, zum Einsatz. Beides absolute Alleskönner, die selbst bei −50 °C noch ansprangen und nicht nur in der Armee, sondern auch in der osteuropäischen Forst- und Landwirtschaft ihre Dienste taten. Und wenn der Anlasser dann doch mal nicht funktionierte, konnte man die Wagen immer noch ankurbeln.

Der Jagdleiter begleitete mich von den Fahrzeugen aus zu meinem Stand auf freiem Feld. Der Wald war sicherlich 200 m entfernt, und ich fragte mich schon, was ich hier wohl ausrichten könnte. Kein Stück würde doch freiwillig über den blanken Acker flüchten, schon gar nicht, wenn zwei Jäger dort völlig offen ihren

Übers freie Feld! (Foto: ©Milan/stock.adobe.com)

Stand bezogen hatten. Am Waldrand konnte ich Paul ausmachen. Er war damit beschäftigt, seine VHS-Videokamera in Stellung zu bringen. So war es für ihn fast unmöglich, das klobige Ding zu bedienen und gleichzeitig das Treiben im Auge zu behalten, geschweige denn aktiv an der Jagd teilzunehmen. Natürlich haben sich alle ein paar Wochen nach der Jagd über Pauls Einladung zu einem Videoabend gefreut, aber ein wenig unverständlich war mir diese Ablenkung während der Jagd schon. Ich hatte es nicht für wahrscheinlich gehalten, aber tatsächlich suchten drei Überläufer ihr Heil über das freie Feld. Doch bevor ich sie aufnehmen konnte, musste das Schussfeld frei sein. Ich zögerte, da mir nicht so ganz klar war, wo genau die anderen Schützen postiert waren, und so musste mir der Jagdleiter die Entscheidung abnehmen. Er bat mich, die Sauen zu bejagen. Befreit fuhr ich auf der hinteren Sau mit und bemühte mich, möglichst vorn abzukommen. Die Entfernung war jedoch etwas weiter als gedacht, und der Schuss traf weich. Dennoch sackte der Überläufer abrupt zusammen und verendete nach kurzem Schlegeln. Wieder erntete ich Lob, und allmählich wuchs in mir das Gefühl, dass mir genau diese Jagdform wirklich liegen könnte.

Auch wenn die Gesamtstrecke mit 16 Stück Wild am Ende der vier Jagdtage nicht überragend war, genossen wir es sehr, gemeinsam in der Gruppe zu jagen und die Abende gesellig miteinander zu verbringen. Dies freute auch unsere Gastfamilie, gab sie sich doch jede erdenkliche Mühe, dass wir uns wohlfühlten. Josef mauserte sich indes beim Abendbrot zu einem wahren Zauberer. Er platzierte mehrfach ein Stück Brot auf der Tischkante, verdeckte es mit einem Küchenhandtuch und zelebrierte die entscheidenden Zauberworte. Wie von Geisterhand waren die Brotkrumen verschwunden, als er das Handtuch theatralisch in die Lüfte riss. Ungläubig schauten insbesondere diejenigen, die ihm gegenübersaßen. Der Rest hatte den Trick schnell durchschaut. So lag nämlich der Pudelpointer unter dem Tisch, schnellte immer wieder blitzschnell nach oben und ließ sich die Leckerchen nicht entgehen. Einige Male lachten auch unsere Gastgeber herzhaft mit, aber dann mussten dem Spektakel doch Grenzen gesetzt werden, und so mahnten sie die Hunde, die Küche zu verlassen. Sie sollten das Betteln am Tisch nicht erlernen, und auch auf die Figur der Jagdhunde wurde hier konsequent geachtet.

Dennoch verstanden unsere Gastgeber unsere Späße, stimmten ins Horrido und in das ein oder andere Jägerlied ein und gaben uns das Gefühl, von Herzen willkommen zu sein. Nicht immer gelang es in den Folgejahren, solch eine persönliche Bindung aufzubauen, aber genau diese Jagden waren diejenigen, die mir am intensivsten in Erinnerung geblieben sind.

Jagd:	Drückjagd auf Rotwild, Schwarzwild und Rehwild
Ort:	Bydgoszcz, Kujawien-Pommern, Polen
Revier:	Staatsrevier Różanna, 9.113 ha
Datum:	November 1991
Strecke:	5 Stück Rotwild, 9 Sauen, 2 Rehe
Anzahl Schützen:	9
Vermittler:	Diana Jagdreisen

©Szymon Bartosz/stockadobe.com

Eisregen

Die Vorjahresgruppe bemühte sich auch im Jahr darauf, erneut eine gemeinsame Drückjagdreise zu organisieren. Da die Kosten unserer Fahrt nach Kujawien nicht ganz in Relation zum zu erwartenden Jagderfolg standen, bemühte sich Josef um eine günstigere Alternative. Ziel war es, eine Jagd über einen kleinen polnischen Reisevermittler direkt vor Ort zu buchen und so die teuren Buchungskosten größerer Vermittler zu umgehen. Mit Zbigniew Gulko und seiner Grüne Gilde GmbH hatte er jemanden ausgemacht, der im nordöstlich von Warschau gelegenen Łomża Mitglied eines Jagdvereins war und dort entsprechende Drückjagden anbieten konnte. Bei einer Kostenreduzierung gegenüber dem Vorjahr von fast 50% entschieden wir uns, das überschaubare Wagnis einer Jagd im privat geführten Revier eines Jagdvereins einzugehen. Im Vergleich schnitten staatliche Reviere häufig besser ab, da dort lange nicht so intensiv gejagt wurde und man Erfahrung hatte, Verkaufsjagden in die Jahresplanung zu integrieren. In den Revieren der Jagdvereine hingegen war der Jagddruck meist höher, da dort jedes Mitglied eine jährliche Abschussfreigabe erhielt und zudem auch vereinsinterne Drückjagden durchgeführt wurden.

Die Stadt Łomża liegt in Podlachien, der nordöstlichsten Woiwodschaft Polens, und grenzt ganz im Norden im Vierländereck an die russische Enklave Oblast Kaliningrad und die Länder Litauen und Weißrussland. Podlachien ist der am geringsten besiedelte und entwickelte Landstrich Polens. Zusammen mit den Masuren gilt die Woiwodschaft als die „grüne Lunge" unseres Nachbarlandes. Allerdings ist die Reise dorthin mit über 1.200 km Wegstrecke auch extrem zeitaufwendig und kräftezehrend. Aber nicht nur die Entfernung, sondern auch die Unwägbarkeiten des Wetters im Wintermonat Dezember veranlassten uns, für An- und Abreise vorsorglich jeweils zwei Reisetage zu veranschlagen. In aller Herrgottsfrühe trafen wir uns auf dem Hof von Josef, um die Reise in den Osten Polens anzutreten. Ich hatte wie immer unruhig geschlafen und mir die Zeit frühmorgens zu knapp eingeteilt. So war es nicht verwunderlich, dass die anderen zehn Jagdkameraden längst vor Ort und die meisten ihrer Reisetaschen und Waffenkoffer schon verstaut waren. Auch die Zuteilung, wer mit wem in welchem Kleinbus fuhr, war längst entschieden. Ich hatte allerdings nicht damit gerechnet, dass die beiden Fahrzeuge von gänzlich unterschiedlicher Qualität sein würden. Der eine ein Franzose mit Vollausstattung, der andere ein deutsches Bauarbeiterfahrzeug, das tags zuvor noch auf die Schnelle vom Dreck der Vorwoche befreit worden war. Natürlich war der Franzose längst besetzt, und der Rest hatte mit den Kunstledersitzen im Transporter vorliebzunehmen. Da ich mit Abstand der Jüngste im Bunde war und bei Weitem noch nicht das Recht hatte, Ansprüche zu stellen, war meine Zuordnung von vornherein klar. Auch wenn der Sound unseres Radios mit Stereo wenig zu tun hatte und das Regeln der Heizungsanlage bei nur zwei Lüftungsschlitzen im Armaturenbrett nicht ganz so einfach war, nahm ich es gelassen. Wir hatten zu fünft zumindest ausreichend Platz, um auch mal die Füße ausstrecken zu können. Unsere festen Fahrerteams Bruno und Kurt im Franzosen sowie Alfred und Rolf im Transporter meisterten die gut 800 km bis zu unserem ersten Etappenziel, der Stadt Posen, gekonnt und sicher.

Schon am späten Nachmittag erreichten wir unser Hotel am Stadtrand. Das Viersternehotel musste im ehemalig kommunistischen Polen ein echter Luxusbunker gewesen sein. Natürlich saß die ein oder andere Escortdame etwas zu auffällig an der Bar, und auf dem Parkplatz wurden ausgediente russische Nachtsichtgeräte aus dem Kofferraum verkauft, aber ansonsten war zu guten westlichen Hotels kaum ein Unterschied wahrnehmbar. Wir machten uns frisch, aßen im Hotelrestaurant zu Abend und nutzten ausgiebig die Bar bis spät in die Nacht. Folgerichtig vereinbarten wir, die Reise am nächsten Tag erst nach einem üppigen und gemütlichen Frühstück fortzusetzen. Es lagen nur noch 450 km vor uns, und die sollten doch ohne Probleme in etwa sieben Stunden zu schaffen sein.

Trist wirkte Posen im Nieselregen. Das Wetter hatte sich über Nacht deutlich verschlechtert, und auch die Temperaturen hatten merklich angezogen. Trotz des widrigen Wetters und zunehmenden Verkehrs verlief unsere Fahrt bis Łódź recht reibungslos. Aber je weiter wir nach Osten kamen und uns Warschau näherten, desto kälter wurde es. Unser Transporter hatte keine Temperaturanzeige, aber wir mussten inzwischen nahe am Gefrierpunkt angekommen sein und drehten daher den Heizungsregler bis in den roten Bereich. Auch der Verkehr nahm weiter deutlich zu. Die vielen weißrussischen und russischen Kennzeichen verrieten das Ziel der unzähligen Lastwagen, die sich gen Osten schoben. Wir nahmen einen Fahrerwechsel vor. Der zunehmend ängstlicher werdende Rolf übergab das Steuer an Alfred.

Inzwischen ging der Nieselregen in Eisregen über, und die Fahrbahnen hatten sich längst in blanke Eisflächen verwandelt. Der Verkehr quälte sich nur noch im Schneckentempo voran. Der ein oder andere Lkw schaffte es nicht, die Spur auf der Fahrbahn zu halten und verabschiedete sich seitlich in den Graben. Andere stellten sich quer und versperrten so unsere Fahrspur. Alfred nahm die Situation gelassen. Wo immer es möglich war, schaffte er es, den Wagen auf 60 km/h zu beschleunigen und zu langsame Fahrzeuge gekonnt zu überholen. Den linken Unterarm auf das Steuer gelegt, hatte er dabei keine Sorge, sich nach hinten zu wenden und sich angeregt an unseren Gesprächen zu beteiligen. Das passte Rolf gar nicht, und ihm wurde zusehends mulmiger. Er klammerte sich ans Armaturenbrett und versuchte Alfred klarzumachen, dass bereits eine Geschwindigkeit jenseits der 30-km/h-Marke außerhalb jeglicher Verantwortung läge.

Hinter Warschau folgten wir den Schildern Richtung Białystok. Der Eisregen hatte sich mittlerweile zu kräftigem Schneefall gemausert und Landschaft und Straßen in ein schmutziges Weiß gehüllt. Unsere Fahrt machte dies kaum sicherer, zumal inzwischen auch die Dämmerung eingesetzt hatte. Die Temperatur auf den Rücksitzbänken fiel auf bedrohlich niedrige Werte, und auch vorn war es selbst in unseren dicken Jagdjacken nur im Bereich der Lüftungsschlitze einigermaßen auszuhalten. Die veranschlagte Fahrzeit war schon lange überschritten, und allmählich machte sich Hunger breit. Die Lunchpakete des Vortages waren längst verzehrt, und im Gegensatz zum Franzosen war unser Wagen kaum mit Süßigkeiten ausgestattet. Die drei Tafeln Schokolade und die Tüte Pfefferminzbonbons waren längst aufgeteilt. Uns blieb nur noch die alte Hirschsalami, die ein Eifler Hegering meinem Vater als Dank für eine Hegeringjagd in unserem Revier geschenkt hatte. Die Wurst war knüppelhart und hatte im Inneren schon Hohlräume gebildet. Wir genossen diese in dünnen Scheiben, als stammte sie aus einem Delikatessenladen. Ob es am Alter, an unseren leeren Mägen oder an den Zutaten lag, war nicht zu ergründen, aber der Wagen war fortan von unangenehmen Düften durchflutet. Die letzten 50 km führten abseits der Schnellstraße über tief verschneite kleinere

Unterkunft in Podlachien (Foto: ©Fencewood studio/stock.adobe.com)

Landstraßen. Unser Wagen übernahm unter meiner Leitung die Vorhut. Mehrfach blinkte uns der Franzose von hinten an und stellte meine Künste, die Landkarte zu lesen, infrage. Die Straßen wurden immer schmaler, und die Schneelage wurde immer bedrohlicher. Wir durchquerten nur noch ab und an kleinere Siedlungen, deren Ortsschilder eingeschneit und kaum noch lesbar waren. Auch mich überkamen langsam Zweifel, ob unser Ziel auch tatsächlich näher rückte. Erst der erlösende Ortsname ließ alle beruhigt wieder in die Sitze gleiten.

Das Jagdhaus war Teil eines kleinen Gehöftes am Ortsausgang, etwas abseits der Straße. Als wir das Blockhaus betraten, war es schon spät am Abend, und zwölf Stunden anstrengende Fahrt lagen hinter uns. Herr Gulko hatte sich schon große Sorgen gemacht und begrüßte uns nun umso herzlicher. Ein wenig Hektik brach aus, als es an die Verteilung der Zimmer ging. Wie im Jahr zuvor waren Josef und ich als Zimmergenossen eingeteilt. Dies sollte sich im Übrigen in den kommenden 13 Jahren so fortsetzen. Danach ging unsere Jagdgruppe dazu über, vermehrt Einzelzimmer zu buchen, und auch wir konnten irgendwann unser gegenseitiges Schnarchen nicht mehr ertragen. Wir waren etwas spät dran, und der Rest der Gruppe war schon mit Sack und Pack in den ersten Stock gestürmt. Hätten sie bemerkt, dass es auch im Parterre ein großes Doppelzimmer gab, wäre dies sicherlich längst belegt gewesen. Unser Zimmer war so geräumig, dass drei Betten Platz darin fanden. Auf einem der Betten waren achtlos ein löchriger Rucksack, ein abgenutzter Parka, ein alter Jagdhut und ein Fernglas in einer ranzigen Lederhülle abgelegt. Josef und ich gingen davon aus, dass diese Sachen einem der polnischen Jäger gehörten, und legten sie deshalb vor die Zimmertür. Es dauerte allerdings nicht lange, bis unser Jagdfreund Herbie in der Tür stand. Er war äußerst entrüstet, dass wir seine Sachen aussortiert und ihn des Zimmers verwiesen hatten. So richtig wollte er unserer

Und überall Wasser! (Foto: ©podlaski49/stock.adobe.com)

Erklärung keinen Glauben schenken, und alle Entschuldigungsversuche schlugen fehl. Herbie war ein etwas verschrobener Junggeselle und einige Jahre älter als wir. Im Vorjahr hatte man ihn Josef und mir als Beifahrer zugeteilt. Dies wohl ganz bewusst, denn so hatten wir während der langen Fahrt nach Kujawien seinen nicht enden wollenden Redeschwall über uns ergehen lassen müssen. Jagdlich hatte er aus unserer Sicht nicht sonderlich viel drauf und glänzte eher durch seine teuren Waffen mit edlen Gravuren. Leider „bestach" er auch durch sein nicht immer achtsames Verhalten auf der Jagd. So fielen schon mal zwei Patronen aus seiner geladenen Doppelbüchse, als wir ihn baten, im Transportfahrzeug doch die Waffe offen zu tragen. Gefährlich waren auch seine „Ausflüge" vom Stand. Ohne Absprache mit seinen Nachbarn fand man Herbie das ein oder andere Mal 50 m von der Schützenkette entfernt mitten im Treiben wieder. Alle mahnenden Worte schienen bei ihm auf taube Ohren zu stoßen. Da er mit einigen gut befreundet war, sollte er dennoch einige Jahre Mitglied unserer Drückjagdgruppe bleiben, dann verloren wir ihn aus den Augen. Im Dezember 2018 erreichte uns die Nachricht, dass er auf einer Hasenjagd in Rumänien einen Herzinfarkt erlitten hatte und dort verstorben war. Aber das war viele Jahre später, und so grollte er erst einmal ein paar Tage, bis auch er die Ausquartierung verschmerzt hatte.

So überraschend der Schnee gekommen war, so schnell war er auch wieder verschwunden. Über Nacht schon wurde es wärmer, und ergiebiger Regen setzte ein, der das Weiße in der Landschaft nach kurzer Zeit schmelzen ließ. Wir jagten in endlosen Kiefernwäldern. Nur vereinzelt wuchsen reine Fichtenbestände oder Mischwälder, in denen die Birke dominierte. Auf nasseren Standorten kam meist die Erle hinzu.

Im ersten Treiben des zweiten Jagdtages bejagten wir einen Erlenbruch, der kreisförmig von einer breiten Wiese umgeben war. Nur einige Stände befanden sich am äußeren Rand der Freifläche, die restlichen Jäger mussten diese überqueren, um sich am Rand des Bruchs oder in einer Schneise im Inneren des Einstandes zu postieren. Die Wiese stand völlig unter Wasser. Ich musste höllisch aufpassen, dass sich kein Wasserschwall in meine halbhohen Schuhe ergoss, und hüpfte daher von einem Grasbüschel zum anderen. Der Graben in der Mitte der Wiese stellte ein echtes Hindernis dar. Auf etwa 3 m Breite aufgestaut, war eine Überquerung kein leichtes Unterfangen. Wir wanderten den Graben auf und ab, um eine passende Stelle zu finden. Die beste Chance boten einige zu einem Steg zusammengelegte dickere Äste. Der Ansteller ging voran. Ich hielt mich etwas zurück und passte zunächst genau auf, welcher der Äste als Trittbrett genutzt werden konnte. Karl war an der Reihe. Der etwas beleibte Mittsechziger war nicht richtig bei der Sache und zudem etwas ungelenk. Der erste Schritt passte noch, doch beim zweiten wählte er den falschen Ast und krachte bis zu den Oberschenkeln ins kalte Wasser. Und das im ersten Treiben, bei kühlen Temperaturen und ohne jegliche Chance, zurück zur Unterkunft zu kommen. Zur Mittagspause stand er in weißem Feinripp am Feuer und trocknete Kleidung und Schuhe. Was für ein Bild! Wir konnten uns die Schadenfreude nicht ganz verkneifen. Hungrig löffelten wir die Suppe aus unseren Tellern. Sie hatte reichlich Einlage und schmeckte angenehm würzig. Nicht allen war klar, welches Gericht uns hier serviert worden war. Egal, ob man es als Königsberger Fleck oder als Flaczki bezeichnete, egal, ob es als Delikatesse in russischen Restaurants oder als Armeleuteessen in Podlachien zubereitet wurde, es war schlichtweg Kuttelsuppe. Die Kutteln bestanden aus in Streifen geschnittenen Rindermägen, die, lange gekocht und intensiv gewürzt, eine schmackhafte Suppe ergaben und mit viel Brot verzehrt wurden. Ich weiß nicht mehr, wer das Geheimnis lüftete, sah aber mehrere Jäger anschließend abseits des Feuers die Teller in einem Guss leeren.

Nur mühsam stellte sich der erste Jagderfolg ein. Ein paar Sauen und das ein oder andere Stück Kahlwild lagen bisher auf der Strecke. Von einem Hochsitz aus hatte ich einen guten Überblick über das Treiben und konnte mehrere Stände meiner Jagdgenossen einsehen. Fast hätte ich vor lauter Beobachtungen in der Ferne die drei Frischlinge übersehen, die sich spitz unter meinem Sitz davonmachen wollten. Der erste lag im Feuer und verwirrte die beiden anderen so sehr, dass sie noch eine Ehrenrunde um den Sitz drehten. Zeit genug, um den zweiten zu erlegen. Ein Überläufer wechselte wenig später Rolf über einen Kahlschlag an. Er fehlte ihn zweimal. „Das war doch eine todsichere Möglichkeit!“, ging es mir durch den Kopf. Aber als Rolf mir nach dem Treiben seine Situation beschrieb und darauf hinwies, dass er die Sau aufgrund seines flachen Blickwinkels und der dichten Kahlschlagvegetation erst spät sehen konnte, wurde mir bewusst, dass man auf einem Hochsitz, solange er nach oben offen war und genügend Platz zum Mitschwingen bot, doch ziemlich im Vorteil war. Mir war es recht, konnte ich doch meine ersten beiden Stücke unserer Reise erlegen.

Am dritten Jagdtag erhielt ich einen Stand am Rand einer Kieferndickung. Der Kahlschlag in meinem Rücken war frisch gepflügt. Der Streifenpflug hatte tiefe Gräben aufgeworfen. Das Kahlwildrudel musste die Dickung weit neben mir verlassen haben und wechselte nun in hoher Flucht auf gut 80 Gänge quer über die Freifläche. Ich fuhr auf einem Kalb mit und bemühte mich, den Zielstachel ins Ziel

Keine Chance! (Foto: ©Karin Jähne/stock.adobe.com)

zu bekommen. Eigentlich keine Chance, das Stück bewegte sich auf dem unebenen Gelände ständig hoch und runter. Ich hätte den Schuss niemals wagen dürfen, aber ich war zu grün hinter den Ohren und noch voll unbedachten Selbstvertrauens. Das Kalb machte kurz den Eindruck, die Kugel quittiert zu haben, aber sicher war ich nicht. Wir kontrollierten den Anschuss und fanden deutlich Schweiß. Die dunkelrote Farbe ließ auf Wildbretschweiß schließen, aber die Menge vermittelte den Eindruck, dass das Stück nicht mehr weit gekommen sein konnte. Da die Mittagspause anstand, bat ich den Jagdleiter, mit zwei Treibern der Fährte folgen zu dürfen. Obwohl es viel zu früh nach dem Schuss war und das Stück kaum Zeit hatte, krank zu werden, willigte er ein. Wie mit der Gießkanne gezogen, war das Unterfangen ein Kinderspiel, und wir erhofften uns, schnell ans Ziel zu gelangen. Nach gut 200 m erreichten wir einen dichten Fichtenanflug. Ein deutliches Krachen und das Rufen der Treiber ließen mich in Anschlag gehen, aber das kranke Kalb verließ die kleine Dickung ungünstig. Spätestens hier hätten wir abbrechen müssen. Aber die Treiber hatten die Führung übernommen, und ich folgte ihnen. Das eigentlich recht flache Gelände war in diesem Teil des Reviers stark zerklüftet. Es wurde zunehmend anstrengender, in dicken Jagdklamotten dem Kalb und den beiden Treibern zu folgen.

Nach einiger Zeit brachen wir die Nachsuche erfolglos ab. Es war schon spät, und die Mittagspause war sicherlich schon längst vorbei. Der Rückweg war kräftezehrender als der Hinweg. Vor jeder Hügelkuppe hoffte ich, den erlösenden Weg auf der Rückseite zu erreichen. Drei- oder viermal wurde ich enttäuscht. Wieder und wieder ging es zunächst hinunter ins Tal, um dann genauso steil wieder anzusteigen. Die anderen waren aufgrund der weit fortgeschrittenen Uhrzeit sichtlich genervt, als wir endlich schweißdurchnässt den Rastplatz erreichten. Die Jagd wurde umgehend fortgesetzt. Es blieb keine Zeit zum Verschnaufen. An meinem Stand angekommen, entledigte ich mich erst einmal meiner warmen Jagdklamotten und legte mich ins Laub, um langsam wieder zu Kräften zu kommen. Der ein oder andere Schuss hallte durch das Treiben, ließ mich aber kaum achtsamer werden. An den Schüssen war auch Josefs Heym Doppelbüchse im Kaliber .375 Holland & Holland beteiligt. Ein wunderschönes Gewehr, auch wenn das Kaliber vielleicht etwas überzogen war. Doch Josef hatte Probleme mit seiner Suhler Einhakmontage. Ein Montagesockel war defekt und hielt das Glas nicht fest in Position. Gut, dass es ihm auffiel und er rechtzeitig entschied, fortan über Kimme und Korn zu jagen. Stolz war er, dass ihm dies mit einem sauberen Schuss auf ein einzeln anwechselndes Kalb gelang. Am Stück angekommen, diskutierten die polnischen Treiber aufgeregt und untersuchten die Beute eingehend. Es stellte sich heraus, dass es das Kalb war, das ich im Treiben zuvor krankgeschossen hatte. Der Schuss saß im oberen Teil der Hinterkeulen. Nur Wildbret war verletzt und ließ das Kalb so stark schweißen. Josef überreichte mir nach dem Treiben den Schützenbruch. Landläufig erhält derjenige Schütze den Bruch, der die erste Kugel auf dem Stück platziert hat und dieses auf einer Nachsuche mit einem anerkannten Schweißhund zur Strecke gekommen wäre. Letztlich entscheidet aber immer der Jagdleiter. In unserem Fall hatte Josef entschieden, und mich erfüllte nur wenig Freude, vielmehr tiefe Bestürzung, welches Leid ich dem Tier zugefügt hatte. Gott sei Dank wurde es von Josef erlöst. Aber das war purer Zufall, und ich nahm mir eindringlich vor, zukünftig nur noch im Rahmen meiner persönlichen Fähigkeiten zu jagen und mich auf wirklich Erfolg versprechende Möglichkeiten zu beschränken.

Der Nikolaustag lag zwar schon einige Tage hinter uns, aber Josef ließ es sich am Abend nicht nehmen, zusammen mit Knecht Ruprecht ein kleines Jagdgericht zu veranstalten. Sein Rauschebart passte optimal zum Outfit mit Zipfelmütze und grünem Umhang. Humorvoll wies er den ein oder anderen zurecht, und auch ich erhielt meine Lektion. An diesem Abend wurde mir deutlich bewusst, dass ich noch etliches zu lernen hatte.

Jagd:	Drückjagd auf Rotwild, Schwarzwild und Rehwild
Ort:	Łomża, Podlachien, Polen
Revier:	Łomża (örtlicher Jagdverein)
Datum:	Dezember 1992
Strecke:	8 Stück Rotwild, 12 Sauen, 2 Rehe
Anzahl Schützen:	11
Vermittler:	Grüne Gilde GmbH

©giedriius/stock.adobe.com

Der einarmige Förster

Mitten in der Nacht machten wir uns auf zur Hirschjagd in die Masuren. Ich hatte bei Josef übernachtet und wie vor jeder Reise kaum geschlafen. Der Mercedes war gepackt, und die Brote waren geschmiert, jetzt schnell noch einen Kaffee, und schon ließen wir die Heimat hinter uns. Josef, seine Frau Ingrid und ich waren froh, endlich loszukommen. Wir waren gespannt, ob wir auch wirklich den richtigen Zeitpunkt für eine Hirschjagd in der Brunft gewählt hatten.

Nur zweimal bin ich zur Brunft in Osteuropa gewesen: anlässlich der hier beschriebenen Reise im Jahre 1995 in die Masuren und 13 Jahre später, ebenfalls mit Josef und Ingrid, deren Tochter Angela mit Ehemann Uli sowie dem Dackel Kessie und natürlich meiner Frau Ulla, in Balatonlelle am südlichen Ufer des Plattensees in Ungarn. Beide Male sollte der von uns gewählte Termin in der ersten Septemberhälfte nicht ganz passend sein. Das lag weniger am Datum als am geeigneten Wetter. Zu warm war es für die Jahreszeit und am Balaton zudem noch sehr stürmisch. Wenigstens ein Mal das dröhnende Testosteron-Schauspiel aus nächster Nähe zu erleben ist der Antrieb einer solchen Reise. Da diese jedoch naturgemäß auf eine relative kurze Zeitspanne begrenzt ist, muss man damit rechnen, dass einem das Wetter einen Strich durch die Rechnung macht und der Brunftbetrieb nur in eingeschränktem Maße oder auch ziemlich leise verläuft.

Gut 1.100 km lagen vor uns. Eine stramme Tour, wollten wir doch möglichst noch im Hellen ankommen. Nach anfänglichen Fachsimpeleien über die Wettervorhersage der nächsten Tage und die Wahl des richtigen Termins für die Jagd auf den Brunfthirsch wurde es langsam still im Auto. Die Augenlider der Beifahrer wurden schwer. Bis hinter Hannover hielt Josef durch, dann wurde auch er müde, und ein Fahrerwechsel war vonnöten. Nur wenige Minuten auf der Rückbank reichten aus und der ansonsten mit einem extrem unruhigen Schlaf gestrafte Josef befand sich im Reich der Träume. Kurz vor Magdeburg kam der Verkehr dann plötzlich nur noch stockend voran. Es war noch früh am Morgen, und der Sonnenaufgang ließ noch eine Weile auf sich warten. Berufsverkehr konnte es also nicht sein. Blaulicht war in der Ferne zu erkennen, und der Stau entpuppte sich nach kurzer Zeit als Vollsperrung der Autobahn. Eigentlich nur den Umleitungsschildern folgen, dann würden wir nicht allzu viel Zeit verlieren. Immer mehr Autos vor uns wendeten, als keine Wegweiser mehr zu entdecken waren. Da konnte eigentlich nur noch die Landkarte helfen. Doch auf dieser hielt Josef seinen wohlverdienten Schlaf. Ein

Augenkontakt zwischen Ingrid und mir reichte aus, um es erst einmal ohne Karte zu probieren. Was sollte schon schiefgehen, einfach immer Richtung Osten der aufgehenden Sonne entgegen. Unser Pfadfinder-Enthusiasmus fand allerdings ein jähes Ende, als wir nach einiger Zeit zum zweiten Mal ein Mahnmal inmitten eines Kreisverkehrs umrundeten. Josef schien die sich ausbreitende Unruhe im Wagen zu spüren. Er wurde wach und war sichtlich genervt. Nach kurzem Disput übernahm er energisch das Steuer, um die verlorene Zeit möglichst schnell aufzuholen. Kurz bevor wir wieder die Autobahn erreichten, im Übrigen genau an der Autobahnauffahrt, an der wir eine Stunde zuvor schon abgeleitet wurden, führte dieser Plan zu einem dicken Knöllchen wegen Geschwindigkeitsüberschreitung. Die Stimmung im Auto war auf dem Nullpunkt. Aber die Zeit und auch die Vorfreude auf die Jagd heilten alle Wunden.

Auf der Pirsch (Foto: ©Bergringfoto/stock.adobe.com)

Am Nachmittag erreichten wir erschöpft, aber besser gelaunt und voller Erwartungen unser Ziel, die Oberförsterei Nidzica (ehemaliges Neidenburg) nördlich von Warschau, ungefähr 50 km vor Olsztyn. Unsere Unterkunft lag am Rand des etwa 14.000 ha großen Reviers, ein altes ostpreußisches Gehöft aus einzeln stehenden Gebäuden in Ziegelbauweise. Begrüßt wurden wir von Hühnern, die den Hof als ihr Eigentum ansahen, und einem etwas mürrisch wirkenden, einarmigen Förster im Ruhestand.

Wortkarg wies er uns die Zimmer zu und geleitete uns alsbald zum Esszimmer, wo wir eine kleine Stärkung erhielten. Die war auch notwendig, sollte doch schon am Abend der erste Pirschgang erfolgen. Für mich war es ein erstes Herantasten an eine mir bislang unbekannte Jagdform. Immer dem Jagdführer Tomasz folgen, Fußabdruck in Fußabdruck setzen und bloß auf kein noch so kleines Ästchen treten. Ich fand, dass ich es ganz gut machte, aber der Erfolg blieb trotzdem aus. Ein abspringendes Rudel Kahlwild war alles, was wir zu Gesicht bekamen. Lange nach Einbruch der Dunkelheit kehrten wir unverrichteter Dinge zurück. Auf dem Innenhof des Gehöftes parkten neben unserem Wagen noch zwei weitere mit deutschen Kennzeichen. Wir waren zu müde, um uns großartig Gedanken zu machen.

Mit wenig Schlaf in den Knochen ging es frühmorgens zum zweiten Pirschgang. Die beiden Jagdführer holten uns am Forsthaus ab und fuhren in entgegengesetzte Richtungen in das noch von der Nacht umhüllte Revier. Am anvisierten Ausgangspunkt unserer Pirsch wurde zunächst einmal verhört. Aber wie schon befürchtet, war der Wald erneut still. Die Vögel warteten noch auf den Sonnenaufgang, und die Hirsche hielten sich zurück. Es war einfach zu warm. Nach sich ewig lang anfühlenden Minuten des Horchens setzten wir uns endlich etwas ziellos in Bewegung, zunächst auf geräuscharmen Wegen, bei einsetzendem Morgengrauen mutiger in die Bestände hinein. Tomasz bemühte sich redlich, die Spannung und mein Jagdfieber hochzuhalten. An vielen Stellen hielt er inne und wies auf hirschgerechte Zeichen, die uns der Wald offenbarte und mir vermitteln sollten, dass genügend Wild da sein müsste. Neben den unterschiedlichsten Fährtenzeichen stießen wir

Mercedes gesichert!

auf frische Suhlen und Plätzstellen. Abgeknickte Äste wiesen uns als Himmelszeichen die vermeintliche Fährte eines Rothirsches aus. Ich saugte die Informationen gierig auf, hatte ich über vieles doch bisher nur in Büchern gelesen. Dennoch bekamen wir kaum Wild in Anblick. Etwas ernüchtert und hungrig kehrten wir auch von diesem Pirschgang heim.

Dass eine der Türen eines der fremden Pkws weit offen stand, ließ uns zunächst noch nichts Böses ahnen. Doch wenig später, nach einem Gespräch mit einem der Wagenbesitzer, einem deutschen Jäger, der nicht im Haus untergebracht war, brach hektische Unruhe aus. Der Wagen war in der Nacht aufgebrochen worden, und zudem sei der Gruppe vor ein paar Tagen ein anderer Wagen im Wald gestohlen worden. Josef stand senkrecht und blies sofort zum Aufbruch. Sachen packen, Jagd Jagd sein lassen und ab nach Hause. Nur mit Engelszungen ließ sich Josef beruhigen, und es wurde ein Plan geschmiedet, wie der Mercedes zu retten sei. Rund-um-die-Uhr-Bewachung war das Allheilmittel, und so musste ein armer Pole die kommenden Tage und Nächte in der Küche ausharren und auf Josefs Wagen aufpassen. Etwas sauer reagierte Josef, als er mitbekam, dass ich meine Stiefel und das gute Lübecker Marzipan aus dem Wagen holen und in Sicherheit bringen wollte. Ein wenig recht hatte er ja schon.

Josef bat mich zudem, des Nachts bei offenem Fenster zu schlafen und verstärkt Obacht zu geben. Mein Zimmer im ersten Stock war günstig gelegen und hatte ein Fenster zum nächtlich verschlossenen Hoftor. Ich versprach ihm alles, um auf keinen Fall Zweifel an unserer Sicherheit aufkommen zu lassen. Ich wollte doch eigentlich nur jagen, und das bis zum Ende der Woche.

Natürlich hatte ich auch mit keinen weiteren Ereignissen rund um unser Auto gerechnet. Umso erschrockener war ich, als ich in der kommenden Nacht, aus dem Reich der Träume gerissen, Josef und Ingrid, beide im Nachthemd, in meinem Zimmer bemerkte. Sie hatten sich über mein Bett gelehnt und gestikulierten wild aus dem Fenster. Die deutschen Jäger und ihre polnischen Jagdführer waren gerade dabei, das gusseiserne Hoftor aus den Angeln zu heben, um auf den Hof zu gelangen und ihre Autos zu holen. Der einarmige Förster hatte ihnen widerspenstig versagt, zu fortgeschrittener Stunde das Hoftor zu öffnen. Der Spuk war nur von kurzer Dauer: Die Autos wurden vom Hof gefahren, und das Tor wurde wieder fachgerecht eingesetzt. Falscher Alarm, Gott sei Dank!

Die folgenden Tage vergingen wie im Flug. Morgenpirsch, Abendpirsch, und ständig plagten uns die Hirschläuse. Bei warmem Wetter flogen sie in Schwärmen, nahmen uns nicht wählerisch als Ersatzwirte an, warfen nach ihrer Landung die

Junger Achter (Foto: ©Milan/stock.adobe.com)

Flügel ab und wühlten sich abends durch unsere Haare. Nur unter großem Aufwand ließen sich diese Plagegeister entfernen, und manchmal erinnerten wir an sich gegenseitig entlausende Affen. Und endlich sollte sich nun auch der Jagderfolg einstellen.

Bewegte sich Tomasz meist langsam und äußerst bedacht vor mir durch den Wald, so wurde er bei einem der abendlichen Pirschgänge plötzlich etwas agiler. Ich hatte das langsam vor uns herziehende kleine Kahlwildrudel noch gar nicht bemerkt. Aber Tomasz drängte auf mehr Tempo, um das ersehnte Wild endlich in Anblick zu bringen. So gut es eben ging, wanden wir uns um das dichte Unterholz und bemühten uns, Meter zu machen. Kaum Zeit für Gedanken wie „Hoffentlich steht ein passender Hirsch beim Rudel!" oder „Wie soll ich bloß einen sicheren Schuss in diesem Dickicht anbringen?" Viel zu sehr war ich damit beschäftigt, Tomasz zu folgen und mich dabei möglichst leise durch den Wald zu bewegen. Dann plötzlich lichtete sich wie aus heiterem Himmel das Kiefernaltholz etwas auf. Nur noch wenig lästiges Strauchwerk versperrte uns den Blick in den Wald und tatsächlich, vor uns war das Rudel auf etwa 70 Gänge zu erkennen. Auch jetzt war Tomasz sicherer und schneller als sonst in seinem Tun. Der Zielstock war bereits aufgestellt, und ein kurzes Nicken verdeutlichte mir, dass der beim Rudel stehende Hirsch passend sei. Mein Mannlicher Stutzen im Kaliber .30-06 war schnell im Anschlag. Ich sprach den Hirsch als eher jüngeren Achter an, bevor die Kugel den Lauf verließ. Ich sollte damit nicht ganz falsch liegen. Steil ansteigend quittierte der Hirsch meinen Schuss und sprang mit dem Rudel ab. Ich war gut auf dem Blatt abgekommen, schaute aber dennoch unsicher und fragend in Richtung Tomasz. Er lächelte, und mir fiel ein Stein vom Herzen.

Gleich ist der Rauschebart ab!

Am selben Abend hatte Josef ebenfalls Jagdglück und streckte einen mittelalten Eissprossenzehner. Beides Abschusshirsche, so wie wir es mit Blick auf unsere Geldbeutel geplant hatten.

Dass Josef einen Hirsch strecken sollte, freute Ingrid ganz besonders. Seit Wochen schon ließ Josef seinen ohnehin langen Rauschebart wachsen, und langsam wurde ihr dieser lästig. So hatten wir ausgemacht, dass bei passendem Jagdglück der Bart fallen sollte. Zwischen Hühnern und Gänsen wurde am nächsten Morgen bei strahlendem Sonnenschein im Innenhof ein Stuhl aufgestellt und der provisorische Barbershop eingerichtet. Das hatten selbst die Hühner noch nicht erlebt und quittierten unser Tun mit Gackern und Kollern. Ingrid und ich wetzten die Messer und hatten sichtlich mehr Spaß an unserem Treiben als Josef. Erst nach einem prüfenden Blick in den Spiegel und einem liebevollen Kuss von Ingrid wich seine anfängliche Skepsis.

Jagd:	Pirsch auf Rothirsch in der Brunft
Ort:	Nidzica (Ermland-Masuren, Polen)
Revier:	Oberförsterei Nidzica Nr. 163/173 14.000 ha
Datum:	September 1995
Strecke:	2 Rothirsche (Achter und Eissprossenzehner)
Anzahl Schützen:	2
Vermittler:	Jagdbüro G. Kahle

©prochym/stock.adobe.com

Der Lufthansa-Wisent

Unzählige Geschichten ranken sich um den im Grenzgebiet von Polen und Weißrussland gelegenen Białowieża Nationalpark (weißrussisch: Bielaviežskaja Pušča National Park). Hatte ich bislang nur polnische Reviere auf Drückjagden im Winter erleben dürfen, so sollten in den kommenden Jahren vier Reisen in dieses geschichtsträchtige ehemalige Zarenrevier folgen. Im Jahre 1997 hatte sich eine etwas veränderte Gruppe Jäger zusammengefunden, die bereit waren, das Abenteuer Weißrussland gemeinsam einzugehen. Kam man nach Polen inzwischen problemlos mit dem Auto und musste nicht einmal mehr aufwendige Grenzkontrollen über sich ergehen lassen, so benötigte man nun für dieses ehemalige sowjetische Land ein Visum, Waffeneinfuhrgenehmigungen und andere Formalitäten. Zudem war die Einreise mehr oder weniger nur per Flugzeug oder Zug möglich, da letztlich mit dem Auto viel zu weit entfernt.

Unser Lufthansa-Flug ging von Düsseldorf nach Minsk, der Hauptstadt Weißrusslands. Dort nahm uns der Dolmetscher Viktor in Empfang und half bei der lästigen und aufwendigen Waffenkontrolle. Unsere Repetierer und insbesondere die Doppelbüchse von Josef hatten es den weißrussischen Zöllnern angetan, und so vergingen Stunden, bis die offiziellen Papiere, aber auch jedes Schaftholz, jeder Lauf und jede Visierung eingehend unter die Lupe genommen worden waren. Vor uns lagen beschwerliche 400 km zurück in Richtung Westen. Nicht nur die Tatsache, dass es auf weißrussischen Straßen eher gemächlich zuging, sondern auch das winterliche Wetter, die streng kontrollierten Tempolimits und unsere russischen Geländewagen trugen dazu bei, aus dieser Fahrt eine Halbtagestour zu machen. Etwa auf halber Strecke machte uns bei einbrechender Dunkelheit eine defekte Lichtmaschine zu schaffen. An eine Reparatur war nicht zu denken, und alle 20 km wartete eine Polizeistation entlang der Autobahn M1 Richtung Brest. Uns machte diese Situation nervöser als die Weißrussen selbst. Wir nahmen den Wagen ohne Licht kurzerhand in die Mitte unserer kleinen Kolonne, und offensichtlich waren alle offiziellen Stellen so weit informiert, dass kein Polizist sich veranlasst sah, uns zu kontrollieren.

Kamenyuki hieß unser Ziel. Dieses kleine Dorf am südlichen Rand des Białowieża Nationalparks wurde zu Beginn des Zweiten Weltkrieges und der bis 1941 währenden Annexion Ostpolens durch die Sowjetunion zum Verwaltungszentrum des weißrussischen Teils dieses weitläufigen Urwaldes. Seinen Ursprung hatte der Białowieża Nationalpark, heutiges Weltnaturerbe und Biosphärenreservat der UNESCO, allerdings in Białowieża selbst, einer heute in polnischem Staatsgebiet liegenden Ortschaft. In den 1920er-Jahren wurde dort zunächst ein Waldreservat eingerichtet, später der Schutzstatus erhöht und im Jahre 1932 schließlich der Nationalpark ins Leben gerufen. Dieser größte und vermutlich letzte echte Tiefland-Urwald Europas beherbergt heute über 12.000 Tier- und 5.500 Pflanzenarten. Darunter befinden sich 59 Säugetierarten. Neben Schwarzwild, Rotwild, Damwild und Rehwild ziehen Wisente, Wölfe, Luchse und Elche durch ihre Reviere. Zahlreiche Bäume sind so mächtig, dass sie sogar Namen erhalten. Wie die „Dominator-Eiche", die mit über 40 m Höhe zu einer der größten ihrer Art gehört. Oder der „Imperator des Nordens", eine Eiche mit mehr als 6 m Stammumfang.

Heute befinden sich etwa zwei Drittel der Gesamtfläche von 150.000 ha auf weißrussischem, der Rest auf polnischem Gebiet. Die Ausdehnung dieses Paradieses beträgt von Norden nach Süden etwa 70 km und von Westen nach Osten zwischen 20 und 50 km.

Der grinsende Keiler

Der Gebäudekomplex in Kamenyuki umfasste neben dem Verwaltungszentrum und einem Naturkundemuseum auch ein kleines Hotel mit Restauration. Ein Hauch von osteuropäisch kühler Pracht empfing uns dort. Nur der für uns vorgesehene Speiseraum im ersten Stock hatte etwas Charme. Die Wände mit Holz vertäfelt, stattliche Trophäen an den Wänden und ein Kachelofen vermittelten eine warme und angenehme Atmosphäre. Das über dem Ofen thronende Keilerhaupt grinste zwar ein wenig zu unnatürlich auf uns herab, tat aber der Gesamtstimmung keinen Abbruch. Lena, die für uns zuständige Angestellte des Hotels, tat ihr Übriges, um unser Wohlbefinden zu steigern. Nicht lange brauchte sie, um uns jeden Wunsch von den Lippen abzulesen.

Noch am späten Abend nahm uns Georg, der Oberjäger des Reviers, ins Gebet, um uns auf den ersten Jagdtag einzustimmen. Besonderes Augenmerk richtete er bei seiner Ansprache auf die im Revier vorkommenden Wisente. Natürlich seien diese streng geschützten Tiere auf einer Drückjagd nicht frei, und man solle dies unbedingt beachten. Im Revier gebe es viele tiefe Gräben, die einen dort durchziehenden Wisent schnell als vermeintliches Stück Schwarzwild erscheinen lassen. Zudem werde man ohne Hunde jagen, um unnötige Hetzen der Wisente zu vermeiden. Gejagt werde am morgigen Tag ausschließlich auf Schwarzwild, Kahlwild und weibliches Rehwild sowie auf Füchse. Geplant seien acht bis zehn Treiben pro Tag. Diese hohe Anzahl an Treiben erstaunte uns etwas, und auf Nachfrage erläuterte Georg, dass der Wald in den meisten Bereichen durch ein schematisches Wegesystem von 1 x 1 km eingeteilt sei und je Treiben ein Quadrant von 100 ha bejagt würde. Die Unterteilung des Waldes in einzelne, durch Wege getrennte Abteilungen stamme noch aus der Mitte des 19. Jahrhunderts, als unter russischer Ägide eine erste Bestandsaufnahme des Waldes erfolgte.

Der Mythos Wisent gehört zum Białowieża Nationalpark wie die russischen Zaren, die polnischen Könige und die Fürsten Kiews oder Litauens und andere Würdenträger sowie später auch viele politische Größen oder Ungrößen, die in diesem Gebiet zur Jagd gingen. Schon 1577 begann die staatliche Vormundschaft über dieses letzte europäische Wildrind, und erste Gesetze zu dessen Schutz, aber auch zur Reglementierung der Jagd wurden erlassen. Die russische Kaiserin Katharina II., auch Katharina die Große genannt, erlaubte zwar Ende des 18. Jahrhunderts die Jagd auf alles mögliche Wild, und dies mit teilweise verheerenden Folgen, aber der Wisent stand auch bei ihr unter einem besonderen Schutz. Dies war bei den nachfolgenden russischen Kaisern bis zur Zeit des Ersten Weltkrieges kaum anders. Jener machte dann allerdings allen bisherigen Schutzbemühungen in wenigen Jahren den Garaus. Das von der deutschen Besatzungsmacht als exklusives Jagdrevier genutzte Gebiet wurde schamlos ausgebeutet. Hohe Würdenträger, wie der deutsche Kaiser Wilhelm II., jagten den Wisent ohne nachhaltige Einschränkungen. Nach Ende des Krieges erlegten dann polnische Wilderer im April 1919 das letzte

Exemplar der ehemals bis zu 1.898 Tiere zählenden Wisentpopulation. Nur dem Polen Jan Shtolzt ist es zu verdanken, dass diese imposante Tierart heute wieder in stattlicher Anzahl im Nationalpark vorkommt. Auf dem ersten internationalen Naturschutz-Kongress in Paris forderte der polnische Delegierte 1923 den Aufbau einer neuen Population. Von den europaweit nur etwa 50 Tieren, die in zoologischen Gärten oder privaten Haltungen überlebt hatten, beschaffte sich Shtolzt einige wenige Exemplare und begann in Białowieża seine Nachzucht. Der Zweite Weltkrieg hatte aufgrund der Jagdleidenschaft Hermann Görings weitaus weniger negative Auswirkungen auf Wald und Wild. Seltsame Blüten trieben allerdings die bizarren Vorstellungen der Nazis über einen neuen, arisch-germanischen Urwald in Białowieża. So wurde nicht nur der Wisent gefördert, sondern man bemühte sich auch um die Nachzucht eines längst ausgestorbenen Wildpferdes, des Tarpans, und eines Auerochsen. Schlimme Folgen hatte das Wirken der Nazis zudem für die Bewohner der Region. Hermann Göring befahl seinem Erfüllungsgehilfen vor Ort, dem bekannten deutschen Forstmann Walter Frevert, den Urwald judenfrei zu machen. Freverts Verstrickung in diese Kriegsverbrechen, die zum Tod von Hunderten Juden und zur Vertreibung von Tausenden Einwohnern führten, sind ein sehr dunkles Kapitel in seiner Biografie.

Früh am Morgen versammelte sich unsere Gruppe in voller Drückjagdmontur vor dem Hotel – und wir alle waren gespannt wie kleine Jungs vor ihrem ersten Schultag, etwas nervös, aber mit Neugier in den Augen.

Nach der offiziellen Begrüßung setzten wir uns mit den russischen Geländewagen in Bewegung. Die Reihenfolge der Stände wechselte von Treiben zu Treiben. Die ersten Stände waren dabei insbesondere bei den älteren von uns heiß begehrt, da sich die Wegstrecke bis zum Stand meist im Rahmen hielt und noch gut zu bewältigen war. Zum letzten Stand hingegen waren oft bis zu 1.000 m durch teilweise unwegsames Gelände zurückzulegen und brachten den ein oder anderen durchaus an seine Grenzen. Es sollte sich schnell zeigen, dass eine Jagd ohne Hunde in diesem Urwald nur bedingt funktionierte. Die Treiberwehr drückte meist in einer Linie gegen die vor Kopf stehende Schützenreihe. Die Flanken und Rückwechsel blieben regelmäßig unbesetzt. Nur allzu oft nutzten dies Sauen und vor allem das wachsame Rotwild unter der Führung erfahrener Alttiere, um sich seitlich oder rückwärtig der Jagd zu entziehen.

Trotz alledem stellte sich bei dem ein oder anderen das erste Jagdglück ein, und bei bester Laune, deftiger Suppe und heißem Tee konnten mittags die Erlebnisse und Erfahrungen der ersten Jagderfolge ausgetauscht werden.

Einer unserer Mitjäger hatte allerdings ein ganz besonderes Anliegen und scharwenzelte auffällig oft in der Nähe des Jagdleiters Georg herum. Heino war aus meiner Sicht kein besonderer Jäger vor dem Herrn. Ihm fehlte es an Passion, Erfahrung und auch an der notwendigen Demut. Vom Krebs gebeutelt, hatte er aber eine gewisse Sonderstellung inne, und jeder gönnte ihm auf der möglicherweise letzten Jagdreise seines Lebens das Erlebnis in unserer Gruppe. Sein besonderes Anliegen überspannte dennoch völlig den Bogen. Ungeniert fragte er Georg, ob es nicht doch möglich sei, einen Wisent zu erlegen. Natürlich wurde dies höflich, aber deutlich vom Jagdleiter verneint. Wisente seien auf Drückjagden generell nicht frei und könnten nur in Ausnahmefällen und in sehr begrenztem Maße auf Einzeljagden gestreckt werden. Diese Abfuhr reichte aber bei Weitem nicht aus, um Heino auf den Boden der Tatsachen zurückzuholen. Schon am nächsten Morgen wurde er wieder vorstellig und erneuerte sein Anliegen. Dieses Mal verneinte Georg schon etwas schroffer. Völlig entnervt schien er dann am dritten Jagdtag zu sein, als Heino erneut vor ihm stand und ohne jeden Skrupel seinen Wunsch vorbrachte.

Zwei Wisentbullen in voller Flucht

Inzwischen hatte ich diese imposanten Tiere auch endlich in freier Wildbahn erlebt. Mein Stand war am Rand einer Kieferndickung. Ein breiter, wasserführender Graben trennte diese von einer frisch gepflügten Fläche, die bald aufgeforstet werden sollte. Ein Knacken in meinem Rücken ließ mich die Waffe entsichern und in Habachtstellung gehen.

Sollten die Sauen etwa über diese freie Fläche flüchten wollen? Die anfänglichen Geräusche entwickelten sich schnell zu einem fast ohrenbetäubenden Brechen und Donnern. Mir schlug das Herz bis zum Hals, und wie aus dem Nichts brachen zwei Wisentbullen aus dem Dickicht. Ein weiter Satz über den Graben, und in voller Flucht über das Gepflügte suchten sie das Weite. Zwei leicht verschwommene Fotos erinnern mich noch heute an dieses beeindruckende Erlebnis.

Aber es sollte noch spektakulärer kommen. Einige Treiben später hatte ich einen Stand in einem recht feuchten und anmoorigen Erlen-Stangenholz. Die großflächigen Wasseransammlungen waren oberflächig angefroren, und ein leichter Hauch von Schnee täuschte einen festen Untergrund vor. Nicht viel hatte ich mir von diesem Stand versprochen, war doch ein lautloses Angehen kaum möglich und der Wind stetig in meinem Rücken. Dennoch dauerte es nicht lange, bis sich in einiger Entfernung einige schwarzbraune Umrisse von der Waldsilhouette abhoben. Die kleine Wisentherde hatte schnell Wind von mir bekommen und umschlug mich in etwa 100 m Entfernung in vollem Tempo. Sie preschte durch das Moor und ließ Eis und Schnee seitlich in die Höhe spritzen. Nie werde ich dieses imposante Bild vergessen, und nicht einmal im Traum wäre ich auf die Idee gekommen, eines dieser Tiere zu bejagen.

Gegen Mittag des dritten Jagdtages geschah dann das Unfassbare. Georg wandte sich an Heino und bat ihn, ihm umgehend zu folgen. Man habe die Wisente „gefunden", und er könne ein Tier erlegen. Ungläubig sahen wir den Jeep davonfahren. Nur ein Treiben von etwa einer Stunde dauerte es, bis sich Heino wieder zu uns gesellte. Wir vermuteten zunächst, die Jagd sei fehlgeschlagen. Aber ganz im Gegenteil, Heino berichtete uns relativ teilnahmslos von seinem Jagderfolg. Wir bohrten und bohrten, wollten wir doch jede Einzelheit seiner Jagd erfahren. Man sei mit dem Wagen bis in die Nähe einer Wiese gefahren, auf der einige Wisente friedlich grasten. Geschlagene 30 m habe man sich noch heranpirschen müssen. Ich sah den ein oder anderen von uns die Stirn runzeln. Dann habe Georg ihm einen Wisent zugewiesen, und schon hätte er die Kugel aus dem Lauf geschickt. Der Wisent lag im Feuer. Etwas seltsam seien ihm die Pferde auf der Wiese vorgekommen, aber tiefgreifende Gedanken habe er sich nicht gemacht. Uns fiel es wie Schuppen

1.000 kg schwerer Wisentbulle im Naturkundemuseum Kamenyuki

von den Augen. Heino hatte einen todgeweihten Wisent in der Krankenstation getötet! Uns war bekannt, dass die Wisente, bedingt durch ihre geringe genetische Vielfalt, ein schwaches Immunsystem hatten und häufig an einer bakteriellen Geschlechtskrankheit, der Balanoposthitis, litten. Diese Syphilis-ähnliche Krankheit verursacht nekrotisch-eitrige Veränderungen an der Vorhaut und dem Penis der Wisentbullen und führt häufig zum Tode. Mir stellten sich die Nackenhaare auf. Das hatte mit Jagd in meinem Sinne und auch im Sinne der Gruppe nichts zu tun. Aber Heino war unbeeindruckt von unserem Groll und stolz auf seinen Jagderfolg. Er wies Georg an, dass er nicht nur die Hörner, sondern die komplette Decke des Bullen als Jagdtrophäe mit nach Hause nehmen wolle.

Die letzten Treiben vergingen wie im Flug, die Keilerwaffen wurden anschließend noch aufwendig und genau vermessen, und schon waren wir wieder auf dem Weg zum Flughafen nach Minsk – im Kofferraum ein großes Paket mit der Decke des Wisentbullen. Diese war gesalzen, gefaltet und fest in Wachspapier verschnürt. Das Paket nahm etwa ein Maß von 80 x 60 x 20 cm ein. Am Flughafen folgte dann routinemäßig die erneut ausgiebige Kontrolle unserer Waffen. Eine vergessene Schrotpatrone im Saum von Connies Lodenmantel löste noch etwas Unruhe aus, wurde aber von den Zöllnern Gott sei Dank unter den Tisch gekehrt.

Die Wisentdecke gaben wir bei der Lufthansa als Sperrgepäck auf, und schon waren wir auf dem Rückflug nach Düsseldorf. Müde und etwas angespannt warteten wir am Gepäckband auf Koffer und Waffen und natürlich auf Heinos Wisentdecke. Alles stellte sich irgendwann ein, außer dem Paket aus Wachspapier. Vergeblich wurden wir bei „Lost and Found" vorstellig, vergeblich blieben auch Telefonate mit der Fluggesellschaft in den folgenden Tagen. Das Paket blieb verschwunden. Wir vermuteten, dass die Decke nicht genügend gesalzen und zudem das Wachspapier nicht ausreichend dicht war. Es kam wohl folgerichtig zu unerwünschten und sicherlich nicht angenehm riechenden Ausscheidungen, die die Lufthansa dazu veranlasst hatte, das Paket kurzerhand zu entsorgen. Ein wenig Schadenfreude konnte ich mir nicht verkneifen. Aber es kam anders und schlimmer als gedacht. Heino nahm den Verlust seiner Jagdtrophäe nicht einfach so hin, sondern vielmehr zum Anlass, die Fluggesellschaft zu verklagen. Nach ausgiebigem Rechtsstreit bekam er einige Wochen später schließlich recht, und es wurden ihm die kompletten Reisekosten erstattet. Noch heute ärgere ich mich über diesen Vorfall, auch wenn Heino in den Folgejahren nicht mehr viele Jagdreisen vergönnt waren.

Eine weitere Geschichte rund um den Wisent, die später vor Gericht landen sollte, habe ich nicht selbst erlebt, aber aus erster Hand erzählt bekommen. Sie er-

Baumriese (Foto: ©sv_production/stock.adobe.com)

eignete sich viele Jahre später, als Drückjagden im Białowieża Nationalpark nicht mehr mit festen Gruppen, sondern nur noch mit Zubuchergruppen durchgeführt wurden. Diese Jagden werden vornehmlich von Jägern gebucht, die keine ausreichend große Anzahl an Schützen für eine Drückjagd im Ausland zusammenbekommen. Zudem ermöglichen sie den Jagdreisevermittlern, eine größere Zahl an Jägern zu stellen und somit dem immer häufigeren Wunsch der Organisatoren vor Ort nachzukommen. Drückjagden müssen letztlich aufwendig vorbereitet werden und bedürfen einer stattlichen Anzahl an Helfern. Vom Jagdleiter über die Fahrer und Ansteller bis hin zu den Treibern sind schnell 30 Mann notwendig, und die möchte man nicht unbedingt für eine zu kleine Jagdgruppe in Bewegung setzen.

Das Anliegen der Verantwortlichen ist also verständlich, dennoch habe ich eine derartige Reise nie gemacht. Zu groß ist die Gefahr, dass die Gruppe nicht zueinanderpasst. Dass man sich menschlich, aber auch jagdlich nicht versteht. Das mehrtägige Jagen unter Gleichgesinnten war immer eine meiner Triebfedern für derartige Jagdreisen. Das Jagen ohne Jagdneid, mit der gleichen Passion und übereinstimmendem Können und vor allem das Sich-aufeinander-verlassen-Können sind aus meiner Sicht Grundvoraussetzungen für eine gelungene Jagdreise.

Nicht so war dies auf einer Drückjagd, an der Barnim und sein Freund Heinz in Białowieża teilnahmen. Mit Barnim, einem ehemaligen Richter, habe ich zahlreiche Jagdreisen unternommen und ihn immer als guten und erfahrenen Jäger erlebt. Seinen langjährigen Jagdfreund Heinz kannte ich nur aus Erzählungen. Er hatte wohl bereits weltweit gejagt und machte im hohen Alter immer noch mehrere Jagdreisen im Jahr. Diese beiden alten Hasen wurden im Nationalpark einer Gruppe zugeteilt, zu der auch ein Möchtegernjäger aus dem Ruhrgebiet gehörte. Die Gruppe bekam, wie auch wir Jahre zuvor, die gleichen Anweisungen und Verhaltensregeln hinsichtlich der im Revier stehenden Wisente. Nicht frei, nicht zu verwechseln mit starken Sauen und so weiter. Dennoch ergab sich die unsägliche Situation, dass der „Großwildjäger" aus dem Pott tatsächlich einen Wisent beschoss, das krankgeschossene Tier dann allerdings schwer verletzt weiterzog und schließlich seinem direkten Standnachbarn Heinz kam. Dieser erkannte das Dilemma und stand vor der schweren Entscheidung, das kranke Tier verletzt weiterziehen zu lassen oder zu erlösen. Verbote hin oder her, er entschied sich für die weidgerechte Variante und streckte den Wisent. Hätte er gewusst, was dann folgte, hätte er sich vielleicht anders entschieden. Die Jagd wurde umgehend abgebrochen, allen Jägern wurden die Waffen abgenommen, ein jeder wurde in sein Zimmer gesperrt und einzeln von der Polizei verhört. Wie Schwerverbrecher wurden sie in die Mangel genommen und sahen sich schon hinter Gittern. Nach genügend Einschüchterung boten die Offiziellen der Gruppe schließlich einen kostspieligen Deal an. Wenn eine größere Summe in bar auf den Tisch gelegt würde, könnte die Gruppe unbehelligt ausreisen und man würde die Sache einfach vergessen, ansonsten drohten drakonische Strafen. Da gab es nicht viel zu diskutieren, das Geld musste organisiert werden. Allerdings konnte der Sünder die geforderte Summe nicht schnell genug aufbringen, sodass andere für ihn einsprangen. Nachdem die Sache unrühmlich, aber erfolgreich aus der Welt geschafft war, konnten alle unbehelligt ausreisen. Sicherlich wird keiner der Teilnehmer diese Reise in guter Erinnerung behalten haben. Insbesondere diejenigen nicht, die für den eigentlichen Schützen in die Bresche gesprungen waren, denn dieser wollte das ihm vorgestreckte Geld, wieder zurück in Deutschland, nicht zurückzahlen. Schließlich habe doch Heinz den Wisent geschossen und nicht er, meinte er lakonisch. Auch dieser Streit landete schließlich vor einem deutschen Gericht. Allerdings gab es hier ein folgerichtiges und gutes Urteil.

Unsere kaum veränderte Gruppe fuhr im Jahr darauf erneut nach Weißrussland. Leider sollte diese Reise unter keinem guten Stern stehen. Die fürsorgliche Lena durfte sich nicht mehr um uns kümmern. Sie hatte wohl im vergangenen Jahr mit 50 DM zu viel Trinkgeld von uns bekommen und damit den ein oder anderen Neider auf den Plan gerufen. Das helle weißrussische Bier war zu knapp bemessen und konnte nur durch ein dunkles aufgefüllt werden. Der nächste Getränkemarkt war eben nicht um die Ecke, sondern vielmehr 50 km entfernt, und es hatte zudem nur noch dunkles Bier im Angebot. Dieses schmeckte wirklich nicht besonders, aber besser als nichts, so zumindest nach meinem Empfinden. Doch für manche in der Gruppe war dies ein Anlass, sich immer wieder aufzuregen und dieses unwichtige Detail zu einem echten Problem werden zu lassen. Die Stimmung wurde zusehends gereizter. Dann kamen noch Missverständnisse und unterschiedliche Ansichten bei der Bewertung einer jagdlichen Gegebenheit hinzu, und schon war die Bombe geplatzt. Es kam zu einem bösen Streit, und die Gruppe hat daraufhin in dieser Zusammensetzung nie mehr eine gemeinsame Jagdreise unternommen.

Die große Kunst, Ungereimtheiten und Streitereien in einer Gemeinschaft aufzufangen, ohne dass Einzelne ausgegrenzt werden oder die Gemeinschaft darunter leidet, macht die Qualität einer solchen aus. Dies sollte ich in den kommenden Jahren glücklicherweise erfahren dürfen. Ich hatte das große Glück, Teil einer Jagdgruppe zu werden, die all meinen Vorstellungen von einer guten und funktionierenden Gemeinschaft entsprach und die auf hohem Niveau ihrer gemeinsamen Passion, der Jagd, nachging.

Jagd:	Drückjagd auf Rotwild und Schwarzwild
Ort:	Brest, Weißrussland
Revier:	Białowieża Nationalpark, 87.000 ha
	Kamenyuki (südlicher Revierteil)
Datum:	November 1997
Strecke:	5 Stück Rotwild, 22 Sauen
Anzahl Schützen:	10
Vermittler:	Westfalia Jagdreisen

Geschwister-Keiler

Im Jahre 1999 war eigentlich eine Drückjagdreise mit Josef nach Russland geplant. Lange hatten wir die uns vorliegenden Angebote kleinerer russischer Reisevermittler abgewogen und versucht, die teilweise haarsträubend hohen Streckenerwartungen in ein realistisches Bild zu setzen. Ein Vermittler versprach uns gar eine Strecke von bis zu 100 Sauen am Tag. Wir wären mit 10 bis 15 Sauen schon hochzufrieden gewesen.

Mit überzogenen Streckenerwartungen versuchen selbst seriöse Jagdvermittler, insbesondere bei Pauschaljagden, immer wieder Kunden zu locken. Dass diese Erwartungen nur bei einem Schussverhältnis von wenigstens 1 : 3 gelten, versteht sich von selbst. Aber die großzügig versprochenen Rückzahlungen bei Unterschreiten einer Mindeststrecke sind mit Vorsicht zu genießen und machen meist einen verschwindend kleinen Teil an den Gesamtkosten einer solchen Reise aus. Eine Strecke von 100 Stück Schwarzwild am Tag würde bedeuten, dass bei einem guten bis durchschnittlichen Schussverhältnis etwa 200 bis 300 Sauen beschossen werden müssten. Da Sauen meist in Rotten anwechseln, vergrößert sich die notwendige Anzahl angetriebener Sauen sicherlich um das Vier- bis Fünffache. Selbst wenn man zehn kleinere Treiben am Tag schaffen sollte, müssten also mindestens 100 Sauen je Treiben vorkommen. Derartige Wildvorkommen sind in freier Wildbahn nicht realistisch und nur bei Gatterjagden zu erzielen. Aber diese Art der Jagd kam für mich nie wirklich in Betracht.

Die von uns neu ins Leben gerufene Jagdgruppe war bunt zusammengewürfelt, aber nichtsdestotrotz Feuer und Flamme. Wir trafen uns im Vorfeld mit dem auserwählten Anbieter in der Nähe von Köln, um alle noch bestehenden Unklarheiten zu beseitigen. Doch als es zur finalen Buchung und damit ersten Anzahlung kommen sollte, war Russland doch zu weit, zu unsicher, zu unseriös, zu unbekannt. Nach und nach sprangen immer mehr Interessierte ab, bis nur noch eine abenteuerlustige Rumpftruppe übrig blieb, mit der eine Drückjagd nicht mehr möglich war. Schweren Herzens mussten Josef und ich unseren Traum von einer Jagd in Russland aufgeben.

Aber manchmal meint es das Schicksal auch gut mit einem. Wenige Wochen nach Platzen der Russlandtour erreichte mich ein Anruf meines Jagdfreundes und Schwippschwagers Jochen. Sein Vater und einige seiner Jagdfreunde würden für eine Drückjagdreise nach Litauen noch Verstärkung suchen. Ich musste nicht lange überlegen und sagte nach Durchsicht des Angebotes zu. Wenig später fand ein erstes Treffen zum gegenseitigen Kennenlernen statt. Jochen war der Jüngste im Bunde, sein Vater Manni hatte selbst schon einige Jagdreisen organisiert und diese Arbeit nun an Klaus weitergegeben. Der Landwirtssohn und promovierte Maschinenbauer war jünger als die meisten anderen der Gruppe, aber schon seit Kindesbeinen Teil dieser Jagdgemeinschaft. Redegewandt, reiseerfahren und mit viel Empathie versehen, war er derjenige, dem sich die anderen gerne anvertrauten, und der fortan die meisten unserer gemeinsamen Reisen organisieren und leiten sollte.

Mit zweimal Willi, Manni und Heinz waren vier Landwirte dabei. Die Doktoren Barnim und Bernhard waren beide pensionierte Richter. Mit im Bunde waren noch Wolfgang, der jagdliche Hansdampf in allen Gassen, Heinz, der immer zu große Kurzhaar führte, der Freizeit-Busfahrer Heinz-Bert, der Eifler Fensterbauer Franz-Josef und Big-Five-Benno. Mit Ausnahme von Jochen waren alle älter als ich. Insgesamt war die Gruppe 14 Mann stark und auf den ersten Anschein wild gemischt. Aber warum erzähle ich dies so genau? Schnell stellte sich nämlich heraus, dass die Gruppe aus einem harmonischen Kern von etwa zehn Jägern bestand, mit denen ich heute, 20 Jahre nach der ersten gemeinsamen Jagdreise, noch fast jedes Jahr im Ausland jage, die sich zu Hause gegenseitig zu Jagden einladen und die nicht nur zu sehr guten Jagdfreunden, sondern auch zu besten Schonzeitfreunden geworden sind. Der Kern kannte sich bereits ewig und jagte schon über Jahrzehnte zusammen. Allein sieben von ihnen hatten eigene Niederwildreviere. Alle waren extrem passioniert und sehr jagderfahren. Für mich war dies ein absoluter Glücksfall, und auch mein treuer Jagdfreund Josef durfte schon im kommenden Jahr dazustoßen.

Die ersten Drückjagdreisen hatte die Gruppe nach Polen gemacht. Dies allerdings mit sehr mäßigem Erfolg, was weniger den Revieren, sondern vielmehr den nicht so versierten Fähigkeiten mit der Büchse geschuldet war. Die eingefleischten Niederwildjäger stellten schnell fest, dass Flinte und Büchse doch zwei Paar Schuhe waren und ein gesondertes Training notwendig wurde. Mehrfach traf man sich im Vorfeld, um den laufenden Keiler besser in den Griff zu bekommen. Übung macht den Meister ist zwar ein abgedroschener Spruch, trifft aber für die Schießfertigkeiten auf der Jagd absolut zu. Wer die Jagd zur Leidenschaft hat und als Handwerk betreibt, ist schon allein aus der Verantwortung dem Tier gegenüber verpflichtet, sich so weit zu trainieren, dass schlechte Schüsse auf ein Minimum begrenzt werden. Auf Jagdreisen im Ausland kommt hinzu, dass man natürlich auch Strecke machen möchte. Der Finger ist hier somit oft etwas schneller am Abzug, als dies vielleicht in heimischen Revieren der Fall wäre. Gerade deswegen sind regelmäßige Termine auf dem Schießstand und/oder heutzutage im Schießkino erst recht geboten.

Unerlässlich: Schießtraining! (Foto: ©zorandim75/stock.adobe.com)

Oft haben wir diskutiert, ob der laufende Keiler oder das Schießkino die bessere Wahl sei. Meine ganz persönliche Meinung ist, dass die Grundlagen für ein erfolgreiches Flüchtigschießen durch das Schießtraining auf den laufenden Keiler aufgrund seiner Wiederholbarkeit am besten erlernt werden können. Das Aufnehmen des Ziels, das Mitfahren und schließlich der Haltepunkt können hier optimal geübt werden. Sitzen diese Grundlagen, bietet das Schießkino dann Übungssequenzen in allen Variationen. Unterschiedliche Entfernungen und Geschwindigkeiten, gepaart mit realistischen Verhaltensweisen des Wildes in der Natur, bieten dem Schützen nahezu unbegrenzte Trainingsmöglichkeiten. Gibt man sich hier nicht nur damit zufrieden, dass man die Sau irgendwo erwischt hat, sondern verlangt von sich auch einen guten Schuss in den Ringen, wird man den Erfolg in der Praxis schnell spüren.

Hatte Heinz-Bert die Gruppe in den vergangenen Jahren mit dem Bus nach Polen kutschiert, so kam eine Reise nach Litauen nur mit dem Flugzeug infrage. Für den ein oder anderen ein echter Angang, insbesondere, weil man sich beim Gepäck auf das Wesentliche reduzieren musste. Dies fiel einigen merklich schwer, und so traten die meisten schon in Jagdklamotten gekleidet und mit einem immens schweren Rucksack als Handgepäck die Reise an. Gut, dass der reiseerfahrene Klaus Überblick und Ruhe bewahrte. Vilnius war das Zwischenziel und von dort erreichten wir nach etwa zweieinhalb Stunden Autofahrt unsere Unterkunft in Pa-

Versprengte Rotte auf der Flucht (Foto: ©Budimir Jevtic/stock.adobe.com)

kruojis im Norden Litauens. Am Hotel angekommen, wurden wir von Laima, der Herbergsmutter, mit einem Tablett Wodka begrüßt. Laima führte das Hotel mit strenger Hand, war aber gleichermaßen immer um das Wohl ihrer Gäste bemüht. Da wurde auch schon mal eine Musikgruppe organisiert oder ein Wildschwein für das Abschiedsessen mit den Jagdleitern zubereitet. Grundsätzlich war es aber immer ratsam, mit Laima die Konditionen für derartige Extras im Vorfeld zu klären, um auf der Schlussrechnung keine böse Überraschung zu erleben.

Das erste gemeinsame Abendessen war für mich eine gute Gelegenheit, die neuen Jagdkameraden besser kennenzulernen. Bei ausreichend Wodka wurde die Zunge bei einigen etwas lockerer, und schnell zeigte sich, wer zum Kern der Truppe gehörte und wer eher etwas am Rand stand. Nach kurzer Begrüßung und Einweisung in die örtlichen Gepflogenheiten einer Drückjagd fragte unser litauischer Jagdleiter, ob noch jemand zum Ansitz auf einen Keiler wolle. Eigentlich ein absolutes Tabu, ist doch der erste Abend immer ein ganz besonderer. Alle sind froh, die Reisestrapazen hinter sich gebracht zu haben, und mit Vorfreude stimmt man sich gesellig auf die anstehende Jagd ein.

Nicht so der Eifler Franz-Josef. Er sei voll ausgerüstet angereist, wie er sagte, und für einen Ansitz bereit. Wir schüttelten verständnislos den Kopf. Passion hin oder her, am ersten Abend steht die Gemeinschaft im Mittelpunkt und nicht das persönliche Anliegen. Das Kopfschütteln am nächsten Tag fiel dann noch heftiger aus, als wir erfuhren, dass er eine anderthalbstündige Wegstrecke zur Kirrung zurücklegen musste, um sich schon nach kurzem, erfolglosem Ansitz wieder auf den Heimweg zu begeben. Ein etwas nachdenkliches Stirnrunzeln trieb mir auch Benno ins Gesicht. Wie in der Sparkassen-Werbung zog er nach kurzer Unterhaltung fünf Fotos aus seiner Geldbörse. Aber es kam nicht „Mein Haus, mein Auto, mein Boot …", sondern „Mein Elefant, mein Nashorn, mein Büffel, mein Löwe, mein Leopard". Die Big Five in Afrika also – und zu all meinem Überdruss mit dem Hinweis versehen, dass er diese allesamt an einem einzigen Tag erlegt habe. Die Jagd in Afrika war und ist mir heute noch unbekannt. Bestimmt hat die Jagd dort ihren ganz besonderen Reiz, aber niemals in dieser exzessiven Form. Selbst mit viel Verständnis und Wohlwollen lief mir, leicht angewidert, ein Schauer über den Rücken.

War Franz-Josef wenigstens noch ein lernwilliger und anpassungsfähiger Zeitgenosse, so disqualifizierte sich Benno in den folgenden Tagen mehr und mehr. Er trug seine Büchse, ganz Afrika-like, ohne Riemen über der Schulter. Ein absolutes No-Go in der Gruppe, in der Sicherheit an oberster Stelle stand. Außerhalb der Treiben wurde peinlichst darauf geachtet, dass die Waffen nur mit offenem Schloss und nach oben gerichteten Läufen getragen wurden. Darauf hingewiesen, reagierte er eher störrisch und uneinsichtig. Obwohl unserer Gruppe Schwarzwild und Kahlwild als ausschließlich zu bejagendes Wild vorgegeben war, strebte Benno darüber hinaus den Abschuss eines Rothirsches an. Derartige Anliegen außerhalb der Reihe bergen immer die Gefahr, dass die Jagdleiter die Gruppe umgehend vorwiegend auf Hirsche führen, da sie hiermit über die Pauschale hinaus meist mehr Geld verdienen. Folglich wurden Benno auch gleich Sonderrechte eingeräumt. Er verabschiedete sich aus unserem bewährten Standkartensystem und bekam fortan Sonderstände, an denen mit Hirschen zu rechnen war. Der von ihm letztlich gestreckte ungerade Zwölfer war es dann aber noch nicht einmal wert, als Trophäe mit nach Hause genommen zu werden. Völlig unverständlich für den Rest der Gruppe, die die Jagd auf den Rothirsch als Krönung ihres Jägerlebens sahen. Als Tages-Jagdkönig bot er zu allem Überdruss der Gruppe auch noch an, sie in jeglicher Form freizuhalten, und dies bezog sich nicht nur auf die Getränke, sondern auf alle sonstigen Extrawünsche. Da half dann letztlich auch der Versuch eines klärenden Gesprächs von Klaus nichts mehr. Benno kündigte mit dem faden Kommentar „Wenn diese Reise euer Jahreshighlight ist, werde ich bei der nächsten Jagdreise nicht mehr dabei sein" seinen Abschied an. So kam es dann auch, und letztlich waren alle froh darüber.

Barnim und Bernhard hatten zwar in ihrem Leben den gleichen Beruf als Richter ausgeübt, sie hätten aber dennoch nicht unterschiedlicher sein können. Barnim war ein groß gewachsener, hagerer Mann mit einer großen Passion für die Jagd. Der ehemalige Scharfschütze der Bundeswehr nahm noch regelmäßig an Veteranentreffen und Schießwettbewerben teil und war fit wie ein Turnschuh. Er war jagdlich weit gereist und wusste von vielen spannenden und besonderen Jagdreisen zu berichten. Bernhard hingegen war von normaler Größe und eher beleibter Statur. Er hatte ein sehr entspanntes Gemüt und genoss mehr die Geselligkeit als die Jagd. Wenn ihm danach war respektive körperlich nicht danach war, setzte er auch schon mal einen Tag aus in seinem ehrlichen Bemühen, Land und Leute näher kennenzulernen. Rhetorisch waren beide sehr geschliffen, wie man es von ehemaligen Richtern auch erwarten konnte. Wie aus dem Nichts hielt Bernhard eine Damenrede, und legendär ist das Wortgefecht der beiden über eine fiktive Geschichte aus den Schützengräben der Schlacht um Monte Cassino. War Bernhard oft einer der Letzten am Tresen, so ging Barnim meist rechtzeitig zu Bett und bestand gar auf einen Frühschläfer-Rabatt, wenn es am Ende der Jagdreise um das Aufteilen der Getränkerechnung ging.

All diese ganz unterschiedlichen Charaktere galt es unter einen Hut zu bringen, und das gelang unserem Gruppenleiter Klaus par excellence. Mit viel Ruhe und Empathie bemühte er sich, allen gleichermaßen gerecht zu werden. Er war aber auch in der Lage, klare und deutliche Worte zu finden. Der Gleiche unter Gleichen war ein wesentlicher Garant für den Erfolg vieler Jagdreisen und den Bestand dieser Gruppe über Jahre hinaus. Wie schwer eine solche Aufgabe ist, sollte ich Jahre später am eigenen Leibe erfahren.

Marderhund (Foto: ©Michal/stock.adobe.com)

Jagdlich schlug sich die Gruppe wahrlich wacker. Ein guter Wildbestand, motivierte Jagdleiter und Treiber sowie das heimische Schießtraining zahlten sich aus. Natürlich war die Strecke nicht gleichmäßig verteilt, aber alle hatten Chancen und die meisten auch entsprechendes Jagdglück. Neben Schwarz- und Rotwild kam auch der ein oder andere Marderhund zur Strecke. Die Treiber nutzten geschickt den Totstellreflex dieser Tiere. Wenn keine Flucht- oder Versteckmöglichkeit mehr besteht, bleiben Marderhunde mit geöffneten Augen starr liegen und stellen sich tot. Es ist anzunehmen, dass dieses Verhalten eine Schutzwirkung gegenüber den vor allem auf Bewegung reagierenden Großkatzen, den natürlichen Feinden der Marderhunde, im ursprünglichen Verbreitungsgebiet Südostasiens darstellt. Die Treiber jedenfalls nutzten das Verhalten dieser Tiere, um sie geschwind in einen Sack zu stecken und abzufangen.

Neben zwei Stück Kahlwild war es mir auf dieser Jagdreise vergönnt, zwei Sauen zu strecken, und beide Erlebnisse sind erzählenswert. Stände auf Hochsitzen haben Vor- und Nachteile. Sicherlich hat man, je nach Höhe des Sitzes, von weiter oben einen besseren Überblick über das Geschehen und vor allem einen steileren Schusswinkel und somit mehr Möglichkeiten, einen sicheren Schuss abgeben zu können. Meist ist man aber auch in seiner Bewegungsfreiheit eingeschränkt und kann bei der Schussabgabe nicht ungehindert mitschwingen.

Mir wurde ein Stand zu Beginn der Schützenflanke auf einem etwa 5 m hohen Hochsitz zugewiesen. Die Kanzel stand am Rand eines Weges und ermöglichte mir einen guten Blick über eine nur circa 50 m breite, aber etwa 200 m lange Fichtendickung. Die Treiber bewegten sich zunächst kaum wahrnehmbar auf die u-förmig vorgestellten Schützen zu. Mit Dauer des Treibens wurde das monotone Hopp-Hopp zunehmend lauter, und gelegentlich gesellte sich Hundegeläut hinzu.

Einige Zeit bevor mich die Treiberwehr erreichte, konnte ich bei frostigem Wetter deutlich Wild in der vor mir liegenden Dickung vernehmen. Der Lautstärke des Ästeknackens entsprechend vermutete ich Rotwild in der dichten Schonung. Die Waffe lag längst auf der Brüstung des Sitzes, und mein Herz pochte deutlich schneller als normal. Aber es kehrte unvermittelt wieder Ruhe ein, und mein Herzschlag normalisierte sich. Sollte sich das Rudel unbemerkt gedrückt haben, oder sondierte es die Lage und wartete achtsam im Schutz der Dickung das Geschehen ab? Nur zwei Treiber ohne Hunde wurden an den Rand des Treibens beordert, um die kleine Dickung zu beunruhigen. Schnell hatten beide die Fläche durchquert. Kein Knacken, kein Laut, kein Wild. Vorsichtshalber ließ ich die Waffe in Position. Mehrere Minuten waren die Treiber nun schon entfernt, da knackte endlich wieder ein Ästchen, dann ein Ast, und schließlich folgte ein stetiges Rauschen. Das Wild war klar vernehmbar auf dem Weg, die Dickung seitlich zu verlassen. Da ich den

Wechsel in größerer Entfernung vermutete, drehte ich das Glas auf 10-fach hoch. Mehr als 120 m müssen es bis zum Wechsel gewesen sein, auf dem dann endlich eine versprengte Rotte Frischlinge den Weg querte. Zum Staunen blieb kaum Zeit. Ein Mitfahren mit der aufgelegten Büchse war kaum möglich. Dennoch bemühte ich mich und ließ den Schuss beim vierten Frischling fliegen.

Die Sau quittierte die Kugel mit einem lauten Klagen. Mir kam zugute, dass die Sauen nicht allzu schnell waren, dennoch saß der Treffer hinten. Unendlich erschien mir die Zeit bis zum Ende des Treibens, und ich machte mir Vorwürfe, diesen Schuss überhaupt riskiert zu haben. Das erlösende Hahn in Ruh ließ mich den Sitz, so schnell es eben ging, hinabsteigen und den Waldweg hinaufeilen. Bei geringer Schneelage war der Anschuss schnell gefunden und die Wundfährte leicht erkennbar. Fast 200 m kämpfte ich mich über die immer wieder brechende Eisschicht des angrenzenden Erlenbruchs. Der Frischling schweißte durchgehend stark und war längst verendet, als ich ihn erreichte. Den Bergestrick schnell an der Sau befestigt, machte ich mich umgehend auf den Rückweg. Es war schon einige Zeit vergangen, und ich wollte den Anschluss nicht verlieren. Mit der Sau am Haken war der Weg beschwerlicher, und trotz Kälte war ich in Schweiß gebadet, als ich den Rest der Gruppe erreichte. Ein wenig stolz berichtete ich von meinem Jagdglück. Die bleibenden Zweifel, ob der Schuss wirklich angebracht war, behielt ich für mich.

Das schnelle und saubere Versorgen des Wildes ist auch den älteren Jägern längst in Fleisch und Blut übergegangen. Wildbrethygiene ist inzwischen nicht ohne Grund zu einem Ausbildungsfach für die Jagdscheinanwärter geworden. Wenn wir Jäger Wildbret als gutes und unverfälschtes Nahrungsmittel preisen, ist dies eine Selbstverständlichkeit. Nicht so in Litauen. Mit Erstaunen mussten wir feststellen, dass bis zum Streckelegen am Abend noch kein Stück aufgebrochen war, auch nicht der von mir geschossene Frischling mit einem weichen Treffer. Trotz winterlicher Kälte hatten viele Stücke längst an Umfang zugelegt. Kreuz und quer lag das Wild auf dem Transportwagen. An ein vernünftiges Auskühlen war nicht zu denken. Auf Nachfrage wurde uns versichert, dass dies in Litauen normal sei und zudem das Wildbret in den internationalen Handel ginge. Eigentlich war uns allen schon seit jeher klar, dass günstiges Wildbret aus dem Großhandel keinesfalls mit dem Wildbret aus den eigenen Revieren gleichgesetzt werden dürfe. Und gut verarbeitetes Wildbret hat nun mal seinen berechtigten Preis.

Die Mittagspausen verbrachten wir nicht rustikal am Feuer im Wald, sondern bei Laima im Hotel. Auch wenn dies eigentlich nicht in unserem Sinne war und die Mahlzeiten in der Regel viel zu üppig ausfielen, schien dies eine unumstößliche Vereinbarung mit der geschäftstüchtigen Hausdame zu sein.

Die Treiberwehr indes war nicht zugegen. Sie trafen wir erst zum nächsten Treiben nach der Pause wieder. Am letzten Jagdtag bereitete uns dies unverhofft ziemliche Probleme. Anscheinend hatten sich beide Gruppen zu jeweils unterschiedlichen Treffpunkten aufgemacht. Nach kurzem Warten bemühten sich die Jagdleiter hektisch, Kontakt zur Treiberwehr zu bekommen, um die Jagd möglichst schnell fortsetzen zu können. Doch alle Drähte blieben kalt, und die Treiber waren für wenigstens zwei Stunden verschollen.

Am späten Nachmittag blieb dann nur noch Zeit für ein einziges Treiben. Doch auch hierbei kam es zunächst zu nicht gewollten Verzögerungen. Ziel des Treibens war ein eher schmales, aber enorm langes Feldgehölz inmitten weitläufiger, gegrubberter Ackerflächen. Heinz saß vorn neben dem Fahrer, der einen Teil der Gruppe über den blanken Acker zur Flanke des Treibens bringen sollte. Bei leicht gefrorenem Boden steuerte er den russischen Allradbus in gerader Linie auf das Feldgehölz zu. Was sollte schon passieren, die Kleinbusse der Marke UAZ Buchanka 452 waren extrem geländegängig und nahezu unverwüstlich. Die weit auslaufende Bodensenke war noch etwas entfernt, als Heinz zum ersten Mal versuchte,

Die Ausnahme: Wildbergen mit Pferd

den Fahrer zu warnen. „Nein, da würde ich jetzt nicht durchfahren. Fahr besser außen rum!“ Der Litauer reagierte nicht. „Nein, lass es lieber sein, das wird nicht gut gehen“, wurde Heinz schon etwas deutlicher. Immer lauter werdend: „Nein, nein, das schaffen wir nicht. Pass auf, pass doch auf!“ Als der Bus bis zur Achse im weichen Boden versank: „Siehste, ich hab es dir doch gleich gesagt!“ Der Fahrer blickte Heinz völlig entgeistert an. Er sprach kein Wort Deutsch und hatte nicht einmal im Ansatz seine Warnungen verstanden. Wir mussten trotz der misslichen Situation laut auflachen. Aber die Jagd sollte, so schnell es eben ging, weitergehen, und so musste zunächst ein weiteres Gefährt geholt, der Bus angekettet und mit vereinten Kräften aus dem Morast befreit werden.

Ich erhielt einen Stand auf einer Art Rückeweg mitten im Treiben. Bei der geringen Breite des Feldgehölzes hatte ich rechts und links keinen direkten Nachbarn. Ich musste also nur auf die Position der Treiber achten, die zunächst auf mich zudrückten, dann meine schmale Schneise überquerten, um sich schließlich Richtung Ende des Treibens vorzuarbeiten. Das Schussfeld war aufgrund des dichten Unterwuchses sehr begrenzt und beschränkte sich im Wesentlichen auf sehr kurze Entfernungen und die Schneise. Die Treiber waren noch nicht zu hören, da ließ mich das kaum vernehmbare Knacken eines Ästchens aufhorchen. Jetzt hieß es, schnell fertig machen, dabei aber auf keinen Fall Geräusche hervorrufen.

Starker Keiler (Foto: ©Natureimmortal/stock.adobe.com)

Vorsichtig hob ich meinen Repetierer in Habachtstellung und traute mich dabei kaum zu atmen, um besser lauschen zu können. Es ist kaum zu glauben, wie leise sich Wild durch den Wald zu bewegen vermag. Auf weniger als 10 m schob sich vorsichtig, ganz vorsichtig ein Keiler durch das dichte Strauchwerk. In Zeitlupe ging ich in Anschlag und hoffte, die Sau frei zu bekommen. Aber die einzige Chance, die sich ohne störendes Astwerk bot, war ein Schuss zwischen Teller und Licht der breit sichernden Sau. Der ohrenbetäubende Knall ließ die Vögel verstummen. Der Basse lag im Feuer. Schnell durchrepetiert, sicherte ich noch etwa eine Minute, bis endlich die Anspannung wich. Erst als ich wieder auf den Sitzstock sank, begann mein Herz vor Jagdfieber zu pochen. Damit hatte ich nach allen Komplikationen nicht mehr gerechnet.

Während meine Gedanken vom Keiler über die verlorenen Treiber bis hin zum entgeisterten Blick des litauischen Fahrers wanderten, kündigte sich bereits weiteres Wild an. Dieses Mal stetig und genau auf mich zukommend. Die Büchse war sofort im Voranschlag, um die Sauen auf der schmalen Schneise rechtzeitig abpassen zu können. Mir stockte das Herz. Nur wenige Meter entfernt näherten sich keine Sauen und auch kein anderes Wild, sondern zwei kleine Kinder. „Oh Gott, das war gefährlich!!", schoss es mir durch den Kopf. Ich entlud die Waffe umgehend und rief die beiden zu mir. Sie schienen Geschwister zu sein. Der etwa zehnjährige Junge und seine jüngere Schwester näherten sich nur zögerlich. Auch sie hatten sicherlich nicht mit dieser Begegnung gerechnet. Ihre Kleidung war verdreckt und äußerst ärmlich. Mit ruhigen Worten sprach ich auf sie ein und gab ihnen zu verstehen, dass sie bis zum Ende der Jagd besser bei mir bleiben sollten. Wir schafften es, unsere Namen auszutauschen. Matas und Rasa erblickten den verendeten Keiler schemenhaft im Gestrüpp und erkannten, in welch missliche Lage sie sich gebracht hatten. Matas war stolz, dass ich ihm eine leere Patronenhülse schenkte, und hielt seine Schwester fest an der Hand. Das gewonnene Zutrauen verschwand abrupt, als uns die Treiberwehr erreichte. Der Jagdleiter war extrem erzürnt und vertrieb die beiden mit vermutlich äußerst bösen Worten.

Der „Geschwister-Keiler" wird mir ewig in Erinnerung bleiben. Nicht aufgrund seiner kapitalen Waffen, sondern wegen der Geschichte drum herum, die mir immer wieder verdeutlicht, wie achtsam und umsichtig man in jeder Sekunde auf der Jagd sein muss.

Zum Ende des Treibens war es Klaus vergönnt, ebenfalls einen starken, mehrjährigen Keiler zu strecken. Dieser hatte sich bis zum Ende gedrückt und verließ das Treiben vor Kopf. Beim Überqueren eines Grabens hatte ihn Wolfgang gefehlt, und einen Stand weiter ergab sich für Klaus eine kleine Chance auf die über den freien Acker flüchtende Sau. Seine Aimpoint-Visierung schien das Schwein beinahe ganz abzudecken, trotzdem gelang es ihm, auf über 100 m eine glatte 10 zu schießen und den Keiler rollieren zu lassen. Zwei Keiler in einem Treiben, und das unter all diesen misslichen Umständen. Das war eigentlich ein krönender Abschluss einer unvergesslichen Jagd in Litauen. Aber es sollte noch eine Zugabe auf uns warten.

Der Jagdleitung waren die Unannehmlichkeiten des Nachmittags etwas peinlich, und man bot uns großzügig an, am Morgen des Abreisetages ein zusätzliches Treiben durchzuführen. Unser Rückflug war erst für den frühen Abend geplant, sodass uns neben der Vermessung und Übergabe der Trophäen, dem Packen unserer Sachen sowie der Fahrt Richtung Vilnius ausreichend Zeit für ein zusätzliches Treiben blieb. Wir willigten deshalb ein und setzten uns am kommenden Morgen rechtzeitig in Bewegung.

Wie auf allen Drückjagden verwendeten wir zur Verteilung der Stände unsere bewährten Standkarten. Sie versicherten uns, nicht ständig am Rand oder in der Mitte des Treibens und auch nicht ständig neben dem gleichen Schützen zu stehen. Nur für Bernhard machten wir eine Ausnahme. Er war nicht mehr gut zu Fuß und bekam in jedem Treiben Stand 1. So setzte sich der Jägertross in Bewegung und bemühte sich, den großen Schritten unseres Anstellers Darius zu folgen. Wir waren schon eine gute Wegstrecke vorangekommen, da fragte ihn Bernhard: „Darius, wie weit noch?“ Er antwortete in dem für die russische Sprache typischen weichen und melodischen Klang: „Ooh, noch 500 m.“ Bernhard gab sich zunächst zufrieden und folgte Darius mit schwerem Atem. Einige Minuten Wegstrecke weiter keuchte Bernhard erneut: „Darius, wie weit noch?“ Und wieder erhielt er die Antwort: „Ooh, noch 500 m.“ Mit Sicherheit hatten wir schon längst mehrere 500 m hinter uns gebracht, da platzte es aus Bernhard energisch heraus: „Darius, wie weit noch??“ Das „Ooh, noch 500 m“ hatte Darius kaum ausgesprochen, da schallte ihm ein deftiges „Du Arschloch!“ entgegen. Das passte so gar nicht zu Bernhard, dem ehemaligen Richter mit seinen besonderen rhetorischen Fähigkeiten, aber er war wirklich am Ende seiner Kräfte und konnte kaum mehr einen Fuß vor den anderen setzen.

Der Jagderfolg blieb in diesem Treiben gänzlich aus. Kein einziger Schuss fiel, und wir hätten uns alle Mühen sparen können. Die Geschichte aber war es wert. Oft habe ich sie meinen Kindern im jungen Alter vor dem Einschlafen erzählt, und beim von mir unterdrückten „Du Ar…“ haben sich beide vor Lachen gekringelt.

Jagd:	Drückjagd auf Rotwild und Schwarzwild
Ort:	Pakruojis, Litauen
Revier:	Oberförsterei Pakruojis, 25.500 ha
Datum:	Dezember 1999
Strecke:	6 Stück Rotwild, 28 Sauen
Anzahl Schützen:	14
Vermittler:	Hubertus Jagdreisen

©Castigatio/stock-adobe.com

Paris–Moskau

Nach drei Jahren Drückjagd in Litauen konnten Josef und ich unsere neue und lieb gewonnene Gruppe im Jahre 2002 endlich davon überzeugen, eine Reise nach Weißrussland anzutreten. Wie sehr hatten wir von unseren beiden Reisen in den Jahren 1997 und 1998 geschwärmt! Jagen im Białowieża Nationalpark, vor einer atemberaubenden und geschichtsträchtigen Kulisse, die Chance, Wisente und Wölfe in freier Wildbahn zu erleben, und letztlich auch die besondere und irgendwie auch abenteuerliche Anreise mit dem Zug.

Bereits 1998 hatten wir nicht das Flugzeug, sondern den Zug als Reisemittel gewählt. Erneut war der Hauptbahnhof in Köln unser Ausgangspunkt. Wir trafen uns am späten Nachmittag direkt auf dem Bahngleis. Reisegepäck und Waffenkoffer geschultert, schleppten wir uns die Treppen zum Gleis hinauf. Josefs Frau und seine Tochter mussten ihn begleiten, um das 25 kg schwere Rittersport-Paket zu tragen, mit dem wir den Treibern abends nach der Jagd eine Freude bereiten wollten. Nach kurzer Begrüßung fuhr auch schon unser Zug ein, und wir stürmten samt Gepäck Richtung Waggontüren. Keiner von uns wollte der Letzte sein, denn schließlich stehen Züge ja nicht unbegrenzt zum Einsteigen parat. Aber ein wenig mehr Ruhe hätte dem ein oder anderen schon gutgetan. Hatte Klaus doch bereits im Vorfeld die Belegung der Abteile vorgenommen und die Abteilnummern längst zugewiesen. Die eigentlich für drei Personen vorgesehenen Schlafabteile konnten von uns auf der Hinfahrt zu zweit gebucht werden. Ein echter Luxus, wie sich auf der Rückfahrt herausstellen sollte.

Wie immer war mein guter Jagdfreund Josef mein Zimmer- und im Zug mein Abteilgenosse. Die schmal geschnittenen Abteile waren in Smaragdgrün gehalten und besaßen den kühlen Charme eines OP-Traktes. Sie verfügten über drei nebeneinander angeordnete Sitze mit einem sehr begrenzten Fußraum bis zur Trennwand zum nächsten Abteil. Erstaunlich, dass der Stauraum unter der Decke ausreichend Platz für Koffer und Waffen bot. Die Waggons gehörten zur alten Flotte der Deutschen Reichsbahn. Diese war das ursprünglich staatliche deutsche Eisenbahnunternehmen von der Zeit der Weimarer Republik bis zur unmittelbaren Nachkriegszeit. Mit der Wiedervereinigung ging die Deutsche Reichsbahn als Sondervermögen in den Besitz der Bundesrepublik Deutschland über und wurde 1994 im Zuge der Bahnreform zusammen mit der Deutschen Bundesbahn zur Deutschen Bahn AG fusioniert. Unser Zug war der ehemalige Nord-Express, ein Fernzug, der ursprünglich Paris mit Moskau verband. Der einstige Luxuszug erhielt zwar weniger Aufmerksamkeit als der Orient-Express, fand aber dennoch 1929 im ersten Roman der Kommissar-Maigret-Reihe von Georges Simenon, in einer Hitchcock-Verfilmung aus dem Jahre 1951 und im Tatort „Kressin stoppt den Nord-Express" im Jahre 1971 literarische und künstlerische Aufmerksamkeit. Seine Route führte nach Einführung der Möglichkeit zur Umspurung von Paris über die Städte Brüssel, Köln, Hannover, Berlin, Warschau, Brest und Minsk bis nach Moskau.

Der ehemalige Luxuszug war inzwischen allerdings schon sehr in die Jahre gekommen. Schon beim Einsteigen hatte man das Gefühl, in Russland zu sein. Der Geruch der kleinen Teeküchen zu Beginn jedes Waggons durchströmte Gänge und Abteile, zumal sich nur jeweils an beiden Gangenden ein kleines Klappfenster zum Lüften öffnen ließ. Alle anderen Fenster waren hermetisch verriegelt, im Gang und auch in den Abteilen. Da die Übergangsbereiche zwischen den Waggons meist als Raucherzonen genutzt wurden, war frische Luft im Zug absolute Mangelware. Aber Vorfreude und Reisefieber übertünchten alle Unannehmlichkeiten. Wir richteten uns so gut wie möglich häuslich ein, verzehrten unseren Reiseproviant und wechselten schon bald zwischen den von unserer Gruppe belegten Abteilen.

Bei Dosenbier und Süßigkeiten plauderten wir die ersten Stunden angeregt über die bevorstehende Jagd und gemeinsame Jagderlebnisse. Mit einbrechender Dunkelheit wurde die Fahrt eintöniger, und die Wirkung des Bieres tat ihr Übriges. Müdigkeit machte sich breit, und es war an der Zeit, die Abteile in echte Schlaf-

Anreise mit der Eisenbahn (Foto: ©Владимир Феофанов/stock.adobe.com)

wagenabteile umzurüsten. Wenn man die Technik beherrschte, war es gar nicht so schwer, die drei Sitze umzuklappen und in drei übereinanderliegende Pritschen zu verwandeln. Aber wir brauchten ja nur zwei, und so hatten Josef im unteren und ich im mittleren Bett ausreichend Platz. Gegen Mitternacht wurden wir jäh aus dem unruhigen Schlaf gerissen. Polnische Zöllner standen in der Abteiltür und wollten unsere Pässe sehen. Eine Waffenkontrolle blieb Gott sei Dank aus, sodass schnell wieder Ruhe einkehrte. An tiefen Schlaf war aber nicht zu denken. Die Luft im Zug wurde zunehmend stickiger, was mich dazu veranlasste, immer häufiger den Übergangsbereich zwischen den Waggons aufzusuchen. Kurze Stopps gab es nur in den größeren Städten. Sie vermittelten uns jedoch das Gefühl, dass wir uns zwar zäh, aber unaufhörlich Richtung Osten bewegten. Hinter Warschau setzte dann auch endlich wieder die Dämmerung ein und eröffnete uns Ausblicke auf polnische Landschaften und Städte. Alles schien grau in grau, und dies lag nicht nur an der winterlichen Jahreszeit.

Nach fast 20 Stunden erreichten wir endlich die letzte polnische Stadt vor der weißrussischen Grenze: Terespol, eine polnische Kleinstadt, direkt am Grenzfluss Bug gelegen. Von dort war der Hauptbahnhof Brest eigentlich nur noch 20 Minuten Fahrzeit entfernt. Nachdem der Bug überquert war, standen wir auf weißrussischem Hoheitsgebiet, bewacht von Milizionären in schwarzer Kleidung, mit Springerstiefeln, kurz geschorenen Haaren und einer Kalaschnikow über der Schulter, so lange still auf den Gleisen, bis die mürrischen Zöllner alle Pässe und Einfuhrdeklarationen geprüft hatten. Ein wenig eingeschüchtert, zumindest aber beeindruckt ließen wir die langatmigen Kontrollen geduldig über uns ergehen. Fast eine Stunde dauerte das Prozedere, bis wir uns endlich wieder in Bewegung setzen konnten und kurze Zeit später in den Bahnhof Brest einfuhren.

Der Hauptbahnhof Brest teilt sich in eine westliche und eine östliche Seite. Die aus dem Westen kommenden Züge fahren auf der Warschauer Seite ein, die aus dem Osten kommenden auf der Moskauer Seite. In Brest trifft die westeuropäische Normalspur mit einer Spurweite von 1.435 mm auf die osteuropäische, russische Breitspur mit einer Spurweite von 1.520 mm. Seit 1954 verfügt der Bahnhof Brest über eine Umspuranlage. Alle Waggons werden dort entkoppelt und mit schweren Wagenhebern von ihren Drehgestellen abgehoben und auf die jeweils passenden neu aufgesetzt.

Ein aufwendiges Unterfangen, das wir glücklicherweise nicht erdulden mussten. Für uns war in Brest das Ziel erreicht. Wir wurden von unserer Dolmetscherin herzlich begrüßt und sicher durch die obligatorische Waffenkontrolle geschleust.

Vor dem Bahnhof wartete schon der für uns zuständige Jagdleiter Sascha mit zwei Geländewagen und einem alten Militärbus. Das Gepäck gut verstaut, setzten wir erschöpft von der langen Zugfahrt unsere Reise in den Białowieża Nationalpark fort.

Zum ersten Mal waren wir nicht im Hotel in Kamenyuki untergebracht, sondern im Herzen des Urwaldes im Staatspalast von Viskuli, vielmehr in einem Nebengebäude des Palastes, das als Unterkunft für die nicht so bedeutsamen Personen bei Staatsbesuchen genutzt wurde. An diesem geschichtsträchtigen Ort unterzeichneten am 8. Dezember 1991 die Präsidenten Russlands, der Ukraine und Weißrusslands die offizielle Auflösung der Sowjetunion. Mit großer Sorge um den Frieden in Europa müssen wir heute mit ansehen, dass die Perestroika und dieser Vertrag inzwischen keinen Pfifferling mehr wert scheinen. Uns aber ermöglichten sie damals wunderbare Jagderlebnisse, die ich nicht missen möchte.

Schon fast versteckt im Wald, strahlte das durch einen Zaun gesicherte Gebäude eine längst vergangene, eher kühle Pracht aus. Ähnlich präsentierte sich auch das Nebengebäude und bot daher für unsere eher bodenständige Jagdgruppe nicht unbedingt die ideale und gemütliche Unterkunft. Aber man nimmt es, wie es kommt, und Schüsseltreiben in einem Speisesaal von enormer Größe, mit kristallenen Kronleuchtern an der Decke hatten schon etwas Besonderes, wenn im Stil von

Staatspalast Viskuli

Dinner for One Wodka ausgeschenkt wurde und ein kräftiges Horrido durch den Raum schallte.

Die Jagdleitung oblag in diesem Jahr dem noch recht jungen Revierjäger Sascha. Der umtriebige Jäger hatte mit seinem Hund Kuma bereits als Berufsjäger in Karelien auf Bären gejagt. Der Jagdhund ähnelte einem Akita, einer urtypischen japanischen Hunderasse, und vielleicht war er auch einer. Der Name des Hundes war jedenfalls schon recht passend, da Bär auf Japanisch Kuma genannt wird. Akitas sind gut 60 cm groß und kommen einem Husky mit dem Gesicht eines Spitzes nahe. Sie besitzen eine ausgeprägte Jagdleidenschaft, gepaart mit einem angenehmen und ruhigen Gemüt. Akitas stammen aus der gleichnamigen japanischen Präfektur im Nordwesten des Landes. So wie es in Japan häufig ist, gibt der Name der Rasse seine Herkunft bekannt. Kuma hatte ein dichtes, kurzes Fell mit weicher Unterwolle und kräftigem, grobem Deckhaar in der Farbvariante Rot-Fellfarben. Nur durch seine Größe war er von einem Fuchs zu unterscheiden. Kuma jagte aber nicht nur gut auf Bären, sondern auch auf Schwarzwild wusste Sascha ihn beeindruckend einzusetzen. Leider mussten wir nur wenige Jahre später erfahren, dass Sascha seinen Hund an einer gestellten Sau unabsichtlich erschossen hatte. Eine schlimme Vorstellung für jeden, der jemals einen Hund ausgebildet und geführt hat.

Revierjäger Sascha und Josef

Sascha war ein Schlitzohr, um keine Ausrede verlegen, aber jagdlich äußerst erfahren und immer daran interessiert, dass wir Jagderfolg hatten. Er war sicherlich keiner, der unabdingbar hinter dem totalitären Staatsregime von Alexander Lukaschenko stand, aber er arrangierte sich damit und suchte den für ihn und seine Familie gangbarsten Weg.

Nur einmal wetterte er über das Staatsoberhaupt, weil er für den Einzug von Väterchen Frost zu Neujahr mehrere Rothirsche und Wildschweine fangen sollte, um mit diesen an der Hand aus dem tief verschneiten Urwald zu ziehen. So viel Pathos war dem Jäger Sascha dann doch zu viel. Da ahnte er noch nicht, dass dem osteuropäischen Weihnachtsmann-Ersatz bereits im Dezember des darauffolgenden Jahres im Białowieża Nationalpark eine eigene Väterchen-Frost-Residenz errichtet werden sollte, die inzwischen Jahr für Jahr Tausende von Touristen anlockt.

Unsere Jagd wurde in diesem Jahr besonders durch zahlreiche Begegnungen mit den im Urwald lebenden Wölfen geprägt. Treiben ohne Wild kamen hier tatsächlich nur selten vor. Sicherlich drückte sich Rot- und Schwarzwild schon mal durch die unbesetzten Flanken oder die Treiberwehr, aber dass keiner der Jäger nach dem Treiben von Anblick zu berichten hatte, war ungewöhnlich und bedeutete gemäß Sascha, dass Wölfe in der Nähe sein mussten. Die ersten beiden kamen dann auch schon bald in Anblick.

Wölfe (Foto: ©Stefan Simmerl/stock.adobe.com)

Beim Angehen zu einem Treiben gab sich die Gruppe redlich Mühe, den schnellen Schritten des Anstellers zu folgen, um nicht den Anschluss zu verlieren. Da hielt dieser urplötzlich inne und deutete an, dass wir uns in den Schnee werfen sollten. Er hatte zwei Wölfe keine 150 m vor uns auf dem Weg entdeckt. Die Wölfe verhofften kurz und prüften diese unverhoffte Begegnung. Sogleich lagen die beiden dem Ansteller unmittelbar folgenden Schützen neben ihm im Anschlag. Es fehlte allerdings eine klare Ansage, wer denn nun einen Schuss wagen sollte, und es mangelte auch an der notwendigen Schnelligkeit und Zielstrebigkeit. Der passende Sekundenbruchteil wurde auf alle Fälle verpasst, und somit war die Chance dahin.

Aber die nächsten Möglichkeiten ließen nicht lange auf sich warten. Ich hatte einen Stand in einem lückigen, von vielen Strauchgruppen gesäumten Fichtenaltholz. Immer wieder taten sich zwischen den Sträuchern gut einsehbare Bereiche auf. Zu Mitte des Treibens querte mich wie aus dem Nichts, ohne jegliche Ankündigung auf etwa 60 Gänge mein erster Wolf. Hochläufig, schlank und erhaben, schien dieses majestätische Tier geradezu durch den Bestand zu schweben. Der erste Wolf in freier Wildbahn, ich war so fasziniert, dass ich nicht einmal ansatzweise auf den Gedanken gekommen wäre, in Anschlag zu gehen, geschweige denn einen Schuss abzugeben. Später sollte mir dies einige Schelte von Sascha einbringen, denn Wölfe wurden hier konsequent bejagt, und das verlangte er auch von seinen Jagdgästen. Mir war es egal, ich war einfach nur glücklich, diese Situation erlebt haben zu dürfen.

Weniger Zurückhaltung respektive mehr Verständnis für die Haltung der Weißrussen zeigten auf alle Fälle Josef und Willi. Leider flickte Josef einen Wolf lediglich an und haderte daraufhin mit der verpassten Situation. Auf drei Läufen machte sich Isegrim davon, und auch die anschließende Nachsuche blieb erfolglos. Im darauffolgenden Jahr berichtete Sascha, dass der Wolf auf drei Läufen noch mehrfach gesehen, aber auch dann nicht zur Strecke gekommen sei. Willi sollte der Erste aus unserer Gruppe sein, der einen Wolf strecken konnte. Treiber und Jäger vielen ihm um den Hals, und auch er erkannte bald, wie sehr Diana ihm dabei hold gewesen war. Ohne Abschussgebühr, aber auch ohne die notwendigen Papiere haben wir später den Balg nach Deutschland geschmuggelt, und heute ist er für Willi ein ganz besonderes Erinnerungsstück an diese unvergesslichen Reisen in den weißrussischen Urwald.

War die Hinreise zwar anstrengend, aber eigentlich recht problemlos, so gestaltete sich die Rückreise mit dem Nord-Express deutlich komplizierter. Wir mussten zunächst die Buchung unserer Abteile nachholen. Dies war von Deutschland aus nicht möglich und musste vor Ort am Bahnhof in Brest erfolgen. Hierfür musste allerdings vorher eine Art Öko-Abgabe entrichtet werden, und dies in weißrussischen Rubeln und nicht in Euro. Die Abgabe war uns im Vorfeld nicht bekannt und wohl erst in diesem Jahr eingeführt worden. Es half nichts, Klaus, der Gruppenorganisator, musste sich an der Wechselstube an einer längeren Schlange anstellen. Wirklich gewohnt sind wir Deutschen es nicht, sich für irgendeine Leistung anzustellen und geduldig darauf zu warten, an die Reihe zu kommen. Dem ein oder anderen war dann auch die Ungeduld deutlich anzumerken. Aber wir hatten ja noch ausreichend Zeit bis zur fahrplanmäßigen Abfahrt. Dies sollte sich in der Schlange zur Passkontrolle indes gänzlich ändern. Nur langsam quälten wir uns durch den Wartebereich, der durch hölzerne, mit leicht vergilbten Fenstern versehene Absperrwände vorgegeben war. Die sperrigen Waffenkoffer immer vor uns herschiebend, näherten wir uns der eigentlichen Kontrolle. Klaus legte die Pässe, unseren Jagd-Voucher des Reisevermittlers, die Bestätigung der Öko-Abgabe und die Buchung der Abteile vor. Dennoch tat sich nichts, und von weiter hinten konnte ich Klaus an der Spitze unserer Gruppe wild gestikulierend mit dem Zollbeamten diskutieren sehen. Der Zöllner verlangte zusätzlich zu den vorhandenen Papieren einen Nachweis, wo wir die letzten fünf Tage Quartier bezogen hatten. Diesen Nachweis hatten wir nicht, und der Beamte ließ uns unbeeindruckt in der Schlange schmoren. Da wir aber die Abfertigung der anderen Fahrgäste aufhielten, wurden diese einer nach dem anderen nach vorn beordert. Kein leichtes Unterfangen, sich mit dem eigenen Gepäck an genervten Jägern und deren Reisetaschen, Waffenkoffern und Rucksäcken in den schmalen Gängen vorbeizuarbeiten. Familien mit asiatischem Einschlag, dubiose Geschäftsleute, Zuhälter mit ihren Huren in viel zu engen Kleidern und viel zu hohen Absätzen, einfache Arbeiter, ältere Ehepaare, Alleinreisende, alle drängten an uns vorbei, bis es keine Schlange mehr hinter uns gab. Manni schaute unaufhörlich auf die Uhr, und allmählich machte sich nicht nur Nervosität, sondern beinahe schon Resignation breit. Die geplante Abfahrtzeit rückte unaufhaltsam näher und war nach weiteren Diskussionen mit dem Zöllner bald erreicht. 20 Minuten über der Zeit, aber der Zug fuhr nicht ab. Wir konnten ihn durch ein Fenster noch auf dem Gleis stehen sehen. Klaus' letzter, verzweifelter Versuch war ein 100-Euro-Schein in seinem Pass, und wie ein Wunder öffneten sich die Schleusen zum Bahngleis. In Windeseile hievten wir uns und unser Gepäck in den Zug und waren schon recht erleichtert, als wir in unseren Abteilen in die Sitze fielen.

Der einen überraschenden Wende folgte indes unmittelbar die zweite Überraschung. Noch im Bahnhof betrat, ohne anzuklopfen und völlig unverhofft, ein Schaffner unser Abteil. Er stellte zwei zum Bersten volle Plastiktüten ab und begann mit einem Schraubenzieher die Deckenverkleidung zu lösen. Wir schauten uns ungläubig an und sahen entgeistert zu, wie er Wodka und Zigaretten im Hohlraum unter der Decke verstaute. Schnell alles wieder verschraubt, verließ der Schaffner unser Abteil und legte mit hochgezogenen Augenbrauen noch kurz seinen Zeigefinger auf die verschlossenen Lippen. Der Zug setzte sich langsam in Bewegung und überquerte schon nach wenigen Minuten den Bug. Mit Schweißperlen auf der Stirn ertrugen wir die polnische Grenzkontrolle und fühlten uns, als hätten wir selbst die Schmuggelware versteckt. Wenig später war der Spuk dann aber schon vorbei. Der Schaffner öffnete routiniert das Versteck, entnahm Flaschen und Zigarettenstangen und bedankte sich bei uns mit drei Dosen warmem weißrussischem Bier. Barnim hatte sich zu Josef und mir gesellt und war für die Rückfahrt der dritte Fahrgast in unserem Abteil. Barnim, der drahtige und groß gewachsene Endsiebziger, der ehemalige Richter und Scharfschütze bei der Bundeswehr, hatte schon unzählige Jagdreisen, auch in weiter entfernte Länder, unternommen. Er konnte abendfüllende Geschichten erzählen und war immer ein angenehmer Jagdgenosse. Er hatte allerdings auch Angst bis unter beide Arme, war er doch einst nach einer Auerhahnjagd in Sankt Petersburg im Zug ausgeraubt worden. Er war der Erste, der die Dose Bier öffnete und sichtlich erleichtert war, dass wir diese Situation unbeschadet überstanden hatten. Zum Bier bot uns Barnim von seinen Panzerkeksen mit einem Verfallsdatum in 2025 an. Josef und ich konnten uns das Lachen nicht verkneifen.

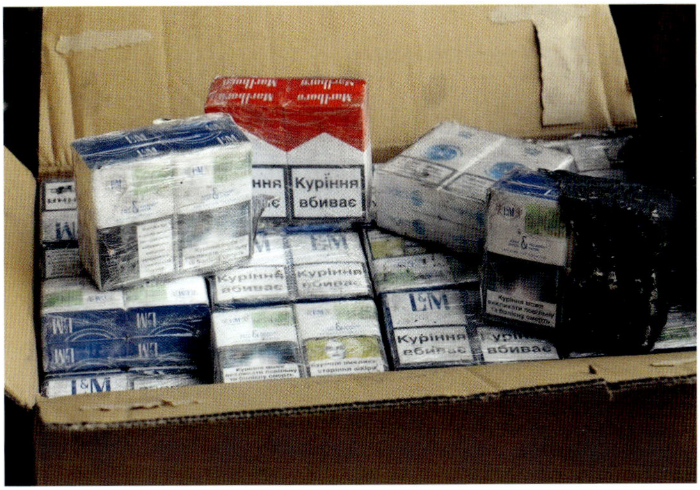

Schmuggelgut (Foto: ©IvanSemenovych/stock.adobe.com)

Wie unterschiedlich die Passagiere des Nord-Express waren, war uns auf der Hinfahrt gar nicht so aufgefallen. Erst in der Schlange an der Passkontrolle in Brest konnten wir einen genaueren Eindruck gewinnen. Im Anschluss an unsere Abteile quartierte sich eine aus der Mongolei stammende Großfamilie ein. Vater, Mutter, Kinder und Kindeskinder, allen voran eine wahre Matrone, wohl das Oberhaupt der Familie. Zu fortgeschrittener Stunde kamen alle zusammen, drängten sich in zwei benachbarte Abteile und stimmten einen typisch osteuropäischen Singsang an. Mit diesem melancholischen Gesang motivierten sich schon die Krieger Dschingis Khans auf langen und eintönigen Reisen, und offensichtlich haben diese ehemaligen Nomaden diese alte Tradition beibehalten. Herzzerreißend und voller Sehnsucht klangen die Melodien. Wir lauschten gespannt und stellten uns vor, einen nicht enden wollenden Tag in den unendlichen Weiten der mongolischen Steppe zu verbringen.

Und da war dann auch noch die junge Frau aus dem tiefsten Sibirien. Sie studierte im über 3.000 km östlich von Moskau gelegenen Krasnojarsk und sprach recht gutes Deutsch. Sie sei auf dem Weg zu ihrem Freund in die Schweiz. Eine über mehrere Tausend Kilometer weite Reise zu ihrem Freund! Wir konnten es kaum glauben. Sie fragte, ob wir denn auch ein wenig Russisch sprechen würden.

Bis auf „da", „net", „spasibo" und „na sdorowje" mussten wir verneinen. Sie war erstaunt und brachte uns mit dem Hinweis, dass man doch ein wenig von der Landessprache beherrschen sollte, wenn man in ein fremdes Land reist, in Verlegenheit. Sie veranlasste mich in späteren Jahren, stets eine Seite mit den wichtigsten und gängigsten Vokabeln an die Teilnehmer unserer Gruppe zu verteilen.

Barnim war nicht dazu zu überreden, aus lüftungstechnischen Gründen die Abteiltür offen zu lassen. Zu sehr saß ihm der Angstschweiß im Nacken. Wir hatten ihn als Ältesten in der untersten und den etwas beleibteren Josef in der mittleren Pritsche einquartiert. Ich durfte als Jüngster unter die Decke. Weniger als 30 cm Kopfabstand blieben einem dort noch. Abgesehen vom etwas beengten Gefühl war aber die Tatsache, dass warme Luft einen natürlichen Auftrieb besitzt und sich unter der Decke staut, das viel schlimmere Problem. Es war kaum auszuhalten, aber alles Bitten und Betteln half nicht, die Tür blieb verschlossen. Erst auf meinen Vorschlag, dass ich auf einem unserer Koffer in der Abteiltür sitzend die beiden bewachen würde, kam ein Einsehen. Nun konnte ich zwar wieder etwas befreiter atmen, aber an Schlaf war in dieser unbequemen Position kaum zu denken. Die Fahrt durch Polen wurde zur echten Qual und schien kaum enden zu wollen. Alles begleitet vom wohligen Schnarchen meiner beiden Jagdfreunde. In den frühen Morgenstunden erreichten wir Berlin. Hektik machte sich in den Nachbarabteilen breit. Die mongolische Großfamilie blies zum Aufbruch. Dadurch eröffneten sich mit einem Mal ungeahnte Möglichkeiten. So müde, wie ich war, hatte ich wenig Skrupel, mich in eines ihrer Abteile zu legen. Natürlich in voller Montur und das Kopfkissen mit einer Jacke abgedeckt. Dennoch konnte Josef meiner Idee wenig abgewinnen und äußerte ziemliches Unverständnis. Mir war dies vollkommen egal. Ich war froh über etwas Schlaf, bevor wir wieder in heimische Gefilde einreisen sollten.

Wir führten bei jeder Jagdreise penibel Buch und krönten nicht nur die Tages-Jagdkönige, sondern auch den Tour-Jagdkönig. Josef hatte in diesem Jahr die Ehre und kam seiner Verpflichtung, die Jagdgruppe zu einem Essen einzuladen, nur wenige Wochen nach unserer Rückkehr nach. Ein kleines Präsent musste her. Aber schon wieder Übungsmunition für den Schießstand? Nein, dieses Mal sollte es etwas anderes Nützliches sein. Eine Flasche Goldgeist war genau das Richtige. Nach unserer Rückkehr aus Weißrussland hatte Josef nämlich mit „Sackratten", wie er zu sagen pflegte, zu tun. Gemeint waren Filzläuse, die natürlich nur ich aus dem mongolischen Zugabteil mitgebracht haben konnte. Ich nahm die Schuld auf mich, obwohl sich die Plagegeister bei mir anscheinend nicht wohlgefühlt hatten.

Jagd:	Drückjagd auf Rotwild und Schwarzwild
Ort:	Brest, Weißrussland
Revier:	Białowieża Nationalpark, 87.000 ha Staatspalast Viskuli (mittlerer Revierteil)
Datum:	Dezember 2002
Strecke:	3 Stück Rotwild, 27 Sauen, 1 Wolf
Anzahl Schützen:	9
Schussverhältnis:	1 : 2,8
Vermittler:	Westfalia Jagdreisen

©kjekol/stock.adobe.com

Kalinka

Im Jahre 2003 fand meine bislang letzte Reise in den Urwald von Białowieża statt. Wiederum wählte unsere neun Mann starke Jagdgruppe den Zug als Reisemittel, hatten wir doch damit in den vergangenen Jahren nur gute Erfahrungen gemacht. Inzwischen schon fast zur Routine geworden, erreichten wir nach geselligen, aber auch anstrengenden 20 Stunden unseren Zielbahnhof in Brest. Von dort bis zum südlichen Rand des Nationalparks waren es eigentlich nur gut 50 km und somit etwa eine Stunde Fahrzeit. Wir hatten aber im Gegensatz zu meinen bisherigen Touren nicht das Hotel in Kamenyuki oder wie im Jahr zuvor die Unterkunft in Viskuli gewählt, sondern ein Forsthaus im nördlichen Teil dieses weitläufigen Reviers. Dies bedeutete aber auch eine erheblich längere Anreise von fast 120 km, von denen gut die Hälfte durch den Nationalpark zurückgelegt werden musste.

Die Dunkelheit war schon längst hereingebrochen, aber der Vollmond und der schneebedeckte Waldboden ließen selbst diesen dichten Urwald in ausreichend hellem Licht erscheinen. Wir folgten mit unserem Bus den breiteren Waldwegen Richtung Norden. Die Stimmung war gut, würden wir doch bald unser Ziel erreichen. Die Parkverwaltung unterhielt im Norden des Nationalparks einige Forsthäuser, die ausreichend Platz für eine Jagdgruppe boten. Ich freute mich schon sehr, endlich keine kalte Marmorpracht oder zu große, unpersönliche Speisesäle mehr, sondern stattdessen ein stilvolles, hölzernes Jagdhaus als Ausgangspunkt für unsere viertägige Drückjagd. Allmählich begann uns der Hunger zu plagen.

Doch das Abendessen sollte noch auf sich warten lassen. Eine quer über den Weg liegende Fichte ließ unsere Anreise ins Stocken geraten. Wir verließen den Bus, um die Lage und mögliche Lösungen zu prüfen. Vor uns musste bereits jemand diese Stelle passiert haben, denn auf einer Seite war der Stamm zersägt und gab dadurch einen schmalen Durchlass zwischen Entwässerungsgraben und dem Rest des Stammes frei. Zu dumm nur, dass unser Bus zu breit war, um dieses Nadelöhr nutzen zu können. Ein vorsichtiger Versuch wurde jäh abgebrochen, als wir in den tiefen wasserführenden seitlichen Graben zu rutschen drohten. Also wieder zurück auf den Weg und mit vereinten Kräften versuchen, den Stamm ein wenig zur Seite zu drehen. Keine Chance, der Baum bewegte sich nur wenige Zentimeter. Kein Handyempfang und die nächste Ortschaft einige Kilometer entfernt. Selbst die Weißrussen waren etwas ratlos. Wenn nicht zufällig Hilfe kommen sollte, würden wir die Nacht im Bus verbringen müssen, mutmaßten die Pessimisten. Nach etwa einer Stunde hörten wir ein leises Knattern, das sich uns zu nähern schien. Es entpuppte sich als ein Waldarbeiter mit seinem Traktor auf dem Heimweg nach getaner Arbeit. Mit einer Motorsäge ausgestattet, machte er dem drohenden Desaster ein schnelles Ende. Jetzt noch den Bus etwa 500 m zurücksetzen, den Traktor passieren lassen, und schon konnten wir unsere Anreise fortsetzen.

Die Unterkunft war wie erhofft. Das hellblau getünchte Holzhaus strahlte innen eine wohlige Wärme aus. Alle Wände waren holzvertäfelt, der Aufenthaltsraum besaß einen offenen Kamin, das Esszimmer war von passender Größe, und die im Parterre und im ersten Stock liegenden Schlafzimmer waren gemütlich eingerichtet. Nur Heinz musste jeden Abend noch eine steile Stiege, eigentlich eher eine Leiter, erklimmen, um zu seinem Zimmer unter der Dachschräge zu gelangen. Insgesamt war das Haus eher etwas zu klein, aber gerade deswegen urgemütlich und einfach ein perfekter Rückzugsort für die vor uns liegenden Jagdtage.

Die Jagd begann verheißungsvoll. Schon nach dem ersten Treiben brach bei den Weißrussen große Freude aus. Klaus hatte einen Wolf gestreckt. Nach Willi im Vorjahr der zweite aus unserer Gruppe, dem Diana besonders hold war. Heute europaweit geschützt, werden Wölfe in Weißrussland nach wie vor bejagt. Sie machen der ärmlichen Landbevölkerung das Leben schwer, hat doch fast jeder hier noch ein wenig Vieh hinter dem Haus und sieht den Wolf als echten Nahrungskonkurrenten. Klaus stellen sich heute noch die Haare auf, wenn er sich an den Anblick der Hunde erinnert, die die Treiber mit sich führten. Einige ähnelten doch verdächtig „seinem" Wolf, und hätte er diese vor dem Treiben gesehen, wäre er sicherlich deutlich zurückhaltender gewesen.

Wolfsjäger

Bei mir hingegen wollte sich an den ersten Tagen kein Jagdglück einstellen. Ich hatte einfach keinen Anlauf, auch wenn ich mir auf meinen Ständen wirklich viel Mühe gab. Ich hielt Ausschau nach Wechseln, entfernte das ein oder andere störende Ästchen, prägte mir freie Schusswinkel ein und bemühte mich, von Anfang bis zum Ende des Treibens aufmerksam und ruhig zu bleiben. Hundegeläut näherte sich und entfernte sich wieder. Und wieder vernahm ich nur Schüsse am anderen Ende der Schützenkette. Ich wurde zunehmend ungeduldiger. Dann endlich wechselte mich ein Überläuferkeiler an. Die Treiber waren schon einige Minuten ruhig geworden, und auch die Hunde waren mittlerweile verstummt. Das Treiben musste eigentlich schon fast zu Ende sein, doch ich hatte mir vorgenommen, noch ein paar Minuten ruhig zu verharren. Oft nutzte das ein oder andere Stück Wild gerade diese Phase des Treibens, um sich klammheimlich davonzustehlen. Die Sau verhoffte auf gut 100 m in einem Fichtenaltholz und sicherte genau in meine Richtung. Ich hob die auf meinen Knien liegende Waffe etwas an und schob die Sicherung nach vorn. Schwarzwild verfügt normalerweise über kein besonders gutes Sehvermögen, doch mein ersehntes Ziel schien mich ausgemacht zu haben, und die Chance war schneller dahin, als ich gedacht hatte. Sollte mich die Sau wirklich eräugt haben? Ich prüfte noch einmal den Wind. Hatte sich dieser vielleicht inzwischen gedreht und mein Dasein verraten? Oder hatte die Sicherung ein verräterisches Geräusch erzeugt. Ich hatte keine Erklärung.

Diana blieb weiterhin bockig, und mir eröffneten sich kaum Chancen. Die größte sollte ich dann auch noch selbst kläglich vergeigen. Zwischen mir und meinem Nachbarn Willi lag eine recht unübersichtliche Windwurffläche. Wurzelteller türmten sich auf, und umgefallene Bäume lagen wie Mikado-Stäbchen übereinander. Nur nach vorn eröffnete sich mir mit einem recht offenen und leicht ansteigenden Altholz ein gutes Schussfeld. Aber Wild sucht sich nun mal nicht die offenen Bereiche, sondern meist die unübersichtlichen, um sich unbemerkt davonzumachen. Ein leises Knacken, und schon konnte ich am Rand der Kahlfläche einen schwarzen Schatten ausmachen. Langsam, ganz langsam schob sich ein starker Keiler durch den Windwurf hindurch. Immer wieder verhoffend, immer wieder Wind holend, die Teller aufgestellt. Ich hatte Zeit, und mein Herz begann heftiger zu schlagen. Dann konnte ich bereits den Wurf erkennen, der sich vorsichtig hinter dem Wurzelteller hervorschob. Der Stutzen war längst angebackt, nur noch wenige Schritte, und der Basse sollte meiner sein. Ich hatte die variable Visierung auf 10-fach hochgedreht und dachte, dass ein Schuss auf eine verhoffende Sau auf 90 Gänge doch so sicherlich kein Problem sein sollte. Aber weit gefehlt. Der Keiler bekam unglücklicherweise Wind von meinem Nachbarn und drehte urplötzlich auf den Hinterläufen in die Gegenrichtung. Das durfte doch nicht wahr sein! Ich wurde hektisch und wollte die Situation retten, denn meine Chance war noch nicht vergeben. Die flüchtende Sau schlug meine Richtung ein und passierte mich breit auf etwa 30 Schritt durch das Altholz. Eigentlich eine todsichere Möglichkeit, aber mir fehlte es an der notwendigen Ruhe und Abgeklärtheit. Ich vergaß, das Glas wieder herunterzudrehen. 10-fach auf 30 m, da erscheint eine Sau in voller Flucht nur noch als ein verzerrter großer dunkler Schatten. Ich gab mir dennoch Mühe mitzufahren, und immer wenn es schwarz im Glas wurde, drückte ich ab, ganze drei Mal. Alle Kugeln verfehlten ihr Ziel deutlich, und meine beste Chance war schneller vorbei, als ich denken konnte. Ich wäre am liebsten im Boden versunken. Was für eine Schmach! Ich hatte auf ganzer Linie versagt und suchte vergeblich nach Erklärungsversuchen. Nach drei erfolglosen Tagen stellte sich dann auch bei mir zunehmend Frust ein. Kein Jagdneid, aber die Enttäuschung über fehlendes Jagdglück und die eigenen Unzulänglichkeiten. Druck baute sich auf und machte ein erfolgreiches Jagen immer schwerer. Ich habe diese negative Stimmungsspirale immer wieder bei dem ein oder anderen meiner Mitjäger feststellen können. Auch eine gut funktionierende Gruppe kann da aktiv nicht viel ausrichten. Schon oft hatten wir versucht, potenzielle Schneider dadurch zu vermeiden, dass wir ihnen am letzten Tag vermeintlich gute Stände überließen. Meist ging dies schief, und die Sauen kamen dann überraschenderweise doch am ganz anderen Ende des Treibens. Eigentlich hilft es nur, Ruhe zu bewahren und auf das notwendige Jagdglück zu hoffen. Dieses sollte mir am vierten Jagdtag dann aber doch noch beschieden sein. Ein Frischling im ersten Treiben hellte meine Stimmungslage schon etwas auf, und als dann noch drei weitere aus einer Rotte hinzukamen, waren alle vorangegangenen Erlebnisse schnell vergessen.

Besonderes Jagdglück sollte in diesem Jahr aber vor allem Jochen, der Jüngste im Bunde, haben. Er hatte guten Anlauf und das notwendige Können, um Strecke zu machen. Sein Vater Manfred hingegen haderte ähnlich mit sich und der Situation wie ich. Er ließ die ein oder andere Chance liegen und tauschte mehrfach mit seinem Sohn die Waffen. Vielleicht klappte es ja mit der .30-06? Natürlich lag es nicht daran. Jochen hatte einfach einen Lauf, und sein Selbstbewusstsein wuchs von Treiben zu Treiben. Am zweiten Jagdtag bescherte ihm dies einen wirklich kapitalen Keiler. Sicherlich 120 kg brachte der Basse auf die Waage, und seine Waffen sollten nahe an die 20 cm herankommen. Das musste ausgiebig gewürdigt werden, dachten nicht nur wir, sondern auch unsere weißrussischen Mitjäger.

Wir jagten regelmäßig bis in die Dämmerung hinein. Am zünftigen Feuer wärmten sich Treiber und Jäger gleichermaßen, und die Strecke wurde meist erst im Dunkeln verblasen. Eine Idylle, die jedes Jägerherz höherschlagen lässt.

Ein Weißrussland-Keiler

Leider geht diese Szenerie aber häufig viel zu schnell vorbei. Die Treiber sind müde und müssen noch das Wild versorgen. Bei allen regt sich der Hunger, und nur wenige Minuten nach dem letzten Hörnerklang wird der Streckenplatz auch schon wieder verlassen. Dies war in Weißrussland nie so! Das Feuer war groß genug, um länger als ein paar Minuten zu brennen, und ein langer Holztisch war längst vorbereitet, um noch gemeinsam zu essen, zu trinken und zu feiern. Der Tisch füllte sich mit allem, was Treiber und Jäger noch in ihren Taschen hatten: selbst gemachte Wurst, eingelegte Gurken, Speck, Brot, der ein oder andere Apfel, Zwiebeln, Knoblauch und natürlich selbst gebrannter Wodka. Von Vor- oder Nachteil, je nachdem, wie man es sieht, war die schummrige Sicht auf die Leckereien. Die Wurst war schon sehr derb und nicht unbedingt jedermanns Sache. Ich bat Josef, für mich ein Stück von dem Käseblock abzuschneiden. Er merkte schnell, dass ich hier wohl einer Täuschung erlegen war. Das vermeintliche Stück Käse entpuppte sich nämlich als purer Speck ohne jeglichen Fleischanteil. Diebisch freute er sich über mein verzerrtes Gesicht beim herzhaften Hineinbeißen. Aber deftig und fettig war schon passend, um den hochprozentigen Wodka zu vertragen. Dieser war meist in Flaschen, aber auch schon mal in Kanistern abgefüllt. Aus Ermangelung an ausreichend Gläsern wurden PET-Flaschen abgeschnitten und die Böden derselben als Ersatz benutzt. Schließlich trinkt man nicht ein Schnäpschen, sondern eine ausreichend große Grammzahl Wodka. Jochen war an diesem Abend der bevorzugte Trinkpartner. Immer wieder stand ein älterer Treiber mit seinem Kanister vor ihm und schenkte nach. Ich gebe zu, wir waren auch nicht abgeneigt, mit Jochen gebührend zu feiern, denn schließlich hatte er doch vermutlich seinen Lebenskeiler gestreckt. Die Stimmung wurde zunehmend ausgelassener. Sprachbarrieren wurden mit Händen und Füßen überwunden. Wolfgang tauschte mit einem stolzen Treiber seine Schlägermütze gegen einen weißrussischen grünen Filzhut. Gemeinsam wurde gesungen und zu Kalinka um das Feuer getanzt. Ich betete zu Gott, dass keiner in die 2 m hoch lodernden Flammen fallen würde. Es

Gemeinsames Essen an der Strecke

war ein unvergesslicher Abend an einer stattlichen Strecke tief im Herzen dieses unbeschreiblichen Urwaldes.

Der Rückweg zur Unterkunft sollte etwa eine halbe Stunde dauern. Die Heizung des Busses wärmte uns auf, und leise summten wir melancholische Lieder. Am Forsthaus angekommen, öffnete sich die Bustür, und kalte, frische Luft strömte in den Wagen. Jochen verließ den Bus als Erster. Drei Schritte Richtung Eingang, und schon fiel er steif wie ein Brett vornüber auf den Boden. Das Überangebot an Sauerstoff war wohl zu viel für ihn. Langsam rappelte er sich wieder etwas auf und kroch mehr oder weniger auf allen vieren die drei Stufen zum Eingang empor. Ich saß neben Wolfgang auf der Rückbank und hoffte, dass Jochen sich nicht schwerer verletzt haben würde. Recht schwerfällig leerte sich unser Bus, und mehr oder weniger angeschlagene Jäger verschwanden im Haus. Nur Wolfgang und ich blieben noch sitzen. Lange 30 Minuten lagen wir uns angetrunken in den Armen, erzählten uns die ein oder andere Jagdgeschichte und beteuerten, wie gern wir uns doch alle hätten. Die ein oder andere Träne wurde verdrückt, bis auch wir uns schließlich Richtung Abendessen in Bewegung setzten. Doch vorher musste ich noch nach Jochen schauen. Sein Sturz sah schon heftig aus. Jochens Zimmer lag direkt neben dem Eingang. Ich öffnete die Tür und blickte in ein nur schwach beleuchtetes Zimmer. Die beiden Betten rechts und links waren leer, das innen liegende Badezimmer ebenfalls. Schon wollte ich beruhigt den Raum verlassen, als ich ein heftiges Röcheln vernahm. Ich trat noch ein paar Schritte näher und entdeckte Jochen bäuchlings über die tiefe Fensterbank gelehnt. Kaum ansprechbar, erbrach er sich in hohem Bogen aus dem geöffneten Fenster. Ich legte meine Hand auf seine Schulter und wollte nach seinem Befinden fragen. Da traute ich meinen Augen nicht. Unter dem Fenster saß ein Dorfhund und tat sich an Jochens Erbrochenem gütlich. Ich konnte mir das Lachen kaum verkneifen. Hoffentlich hat der Hund seine Gier überlebt. Jochen ward an diesem Abend nicht mehr gesehen, stand aber am nächsten Morgen beim „Aufbruch zur Jagd" wieder offensichtlich vollkommen genesen parat. Auch die anderen hatten dank eines guten und deftigen Abendessens den Hochprozentigen überstanden.

Diese weißrussische Tradition war schon etwas ganz Besonderes, und auch heute noch schätze ich es, wenn sich Jagdgesellschaften ausreichend Zeit an der Strecke nehmen. Das Austauschen des Erlebten, das Einholen von wichtigen Informationen zur Vorbereitung von Kontroll- und Nachsuchen, das saubere Versorgen des Wildes, das stilvolle Streckelegen, die Übergabe der Brüche und der abschließende Hörnerklang gehören für mich genauso zu einer Jagd wie die Stunden zuvor auf dem Stand. Ich ziehe gar eine zünftige Suppe, eine Brühwurst im Brötchen oder auf dem offenen Feuer Gegrilltes einem aufwendigen Schüsseltreiben vor. Kein lästiges Umziehen, sondern unmittelbar nach der Jagd ungeschminkt in Jagdklamotten entsteht so oft eine ganz besondere, intensive Atmosphäre, so wie ich sie in Weißrussland erleben durfte.

Schüsseltreiben am offenen Feuer

Jagd:	Drückjagd auf Rotwild und Schwarzwild
Ort:	Brest, Weißrussland
Revier:	Białowieża Nationalpark, 87.000 ha
	Forsthaus (nördlicher Revierteil)
Datum:	Dezember 2003
Strecke:	4 Stück Rotwild, 20 Sauen, 1 Wolf
Anzahl Schützen:	9
Schussverhältnis:	1 : 2,3
Vermittler:	Westfalia Jagdreisen

©andreysha74/stock.adobe.com

Doppelzimmer

Im Dezember 2004 stand nun bereits die sechste Reise mit meinen Jagdfreunden aus der Voreifel ins Haus. Für den Kern der Truppe war es inzwischen sogar die zehnte Drückjagdtour ins Ausland und somit eine Jubiläumsfahrt. Diese sollte etwas Besonderes werden, und so wurde Klaus im Vorfeld angehalten, auch Angebote für Jagden in Länder einzuholen, die bisher aus Kostengründen nicht in Betracht kamen. So waren unter den elf Angeboten allein sechs für Drückjagden in Ungarn.

Inzwischen hatten wir uns durch die Jagden in Weißrussland an ein pauschales Abrechnungsmodell gewöhnt. Diese Variante deckelte die Kosten für jeden Einzelnen und bewahrte uns alle vor unliebsamen Überraschungen bei der Endabrechnung. Unser Anliegen war es, möglichst zu vermeiden, dass sich jemand jagdlich zurückhalten musste, nur weil er schon in den ersten Tagen die ein oder andere stärkere Sau gestreckt hatte. Um jedoch die Ungerechtigkeiten einer Pauschale für Schützen mit geringerer Beute oder gar für Schneider abzupuffern, modifizierten wir dieses Modell entsprechend. Intern zahlte zunächst jeder Schütze einen festen Betrag je geschossenes Stück Wild in eine gesonderte Kasse. Diese Beträge lagen bei den schwacheren Stucken etwas uber und bei den stärkeren Stücken meist deutlich unter den offiziellen Listenpreisen. Sie berücksichtigten darüber hinaus aber auch eine Strafe für den in unserer Gruppe nicht erwünschten Abschuss stärkerer Bachen. Aus dieser Kasse wurden dann am Ende die reinen Jagdkosten im Gesamten beglichen. Wenn ein Rest übrig blieb, kam dieser denjenigen zugute, die kaum oder gar nicht an der Strecke beteiligt waren. Blieb ein Betrag offen, so wurde dieser auf alle gleichmäßig verteilt.

Die Entscheidung fiel uns nicht leicht und war schließlich nicht nur von den Kosten und dem Abrechnungsmodell geprägt, sondern auch vom Renommee des jeweiligen Reviers, von den prognostizierten Streckenerwartungen und der Qualität der Unterkunft. Die Wahl fiel auf das Revier Béda-Karapancsa im Süden Ungarns, unweit nördlich der Grenze zu Kroatien und Serbien, dort, wo die Donau das Land verlässt. Unser Reisevermittler bot uns eine nach Höhe der Strecke gestaffelte Pauschaljagd an. Die erste Staffel begann bei 13 Stück Wild und endete bei 20, die weiteren deckten in 10er-Schritten die Intervalle bis zu 50 Stück Wild ab. Mit 51 Stück Wild war die höchste Pauschale erreicht. Lagen die Strecken der vorangegangenen Jahre bei vier Jagdtagen meist zwischen 20 und 30 Stück Wild, so schien der Gesamtpreis der Reise für jeden von uns vertretbar.

Das Revier Karapancsa ist wohl eines der bekanntesten Rothirschreviere Ungarns. Jährlich werden dort etwa 140 Hirsche und 260 Stück Kahlwild gestreckt. Es nimmt eine Gesamtfläche von etwa 25.000 ha ein, von denen nur gut ein Viertel bewaldet ist. Das Revier erstreckt sich als Überschwemmungsgebiet zu beiden Seiten der Donau, südlich der Stadt Baja. Im Jahre 1986 wurde in Karapancsa der damalige Weltrekordhirsch mit einem Geweihgewicht von 14,5 kg und 272 CIC-Punkten erlegt. Neben dem außergewöhnlichen Rotwildbestand findet man dort einen nicht weniger beachtenswerten Schwarzwildbestand. Aber der Wildreichtum war hier nicht immer so üppig. Im Jahre 1780 setzte der Adel in den ehemals weitläufigen Sumpf- und Wasserflächen erstmals Rot- und Schwarzwild aus. Aber erst mit der 1850 in Angriff genommenen Donauregulierung wurde die hydrologische Situation derart verändert, dass sich großflächige Wälder etablieren konnten.

Sie sind heute das Zuhause für außergewöhnliche Wildbestände. Die weitläufigen Auwälder in Karapancsa und dem nördlich angrenzenden Gemenc zählen zu den größten in ganz Europa und sind Teil des Donau-Drau-Nationalparks. Beide Reviere werden seit Jahrzehnten von der Gemenc AG bewirtschaftet. Sie waren lange Zeit streng gesperrte staatliche Jagdreviere, in denen die Jagd äußerst profitabel vermarktet wurde und eine naturnahe Forstwirtschaft nur eine untergeordnete Rolle spielte. Dies sollte sich auch nach der politischen Öffnung des Landes und der Ausweisung als Nationalpark nur allmählich ändern.

So findet man heute neben den für Weich- und Hartholzauen typischen Baumarten wie Stieleiche, Schwarzpappel, Gemeine Esche und Flatterulme auch große Bestände der Kanadischen Hybridpappel, der nordamerikanischen Schwarznuss und des Eschenahorns. Der mit bis zu zehn Stück Rotwild je 100 ha extrem hohe Rotwildbestand lässt eine natürliche Verjüngung der autochthonen Auwälder nur in begrenztem Maße zu, sodass mit großflächigen Gattern nachgeholfen werden muss. Der übrige Teil der Landschaft wird neben ausgedehnten Ackerflächen durch unzählige tote Flussarme mit kaum zugänglichen malerischen Inseln, großflächige Seen sowie unzählige kleinere Teiche und Tümpel geprägt. Diese Fragmente des ehemaligen Überschwemmungsgebietes werden meist von weitläufigen Röhricht-Biotopen gesäumt. Ein idealer Lebensraum für Hirsch und Keiler.

Zu einer Jubiläumstour passend wählten wir als Unterkunft nicht eines der gängigen Jagdhäuser, sondern das Jagdschloss Karapancsa. Das war schon ein erhabenes Gefühl, als wir das Schlösschen inmitten eines im englischen Stil angelegten Parks erreichten. Ein kapitaler Bronzehirsch zierte das Rondell vor dem gelb getünchten Gebäude. Ehrfürchtig betraten wir dieses geschichtsträchtige Haus.

Jagdschloss Karapancsa

Das Jagdschloss Béda-Karapancsa wurde von Erzherzog Friedrich Maria Albrecht Wilhelm Karl von Österreich, dem Herzog von Teschen, um die Jahrhundertwende vom 19. zum 20. Jahrhundert im Neobarockstil erbaut. Zu Zeiten der K.-u.-K.-Monarchie ging er von hier aus in seinem bis nach Serbien reichenden Revier zur Jagd. Mit seiner Frau Isabella beherbergte er viele gekrönte Häupter auf fürstlichen Jagden. Auch Kaiser Wilhelm II. besuchte Karapancsa im September 1910 nach einer England-Reise, die er aus Anlass der Thronbesteigung König Georgs V. von Großbritannien unternommen hatte. Zusammen mit dem Erzherzog jagte er in diesem außergewöhnlichen Revier drei Tage lang. Erzherzogin Isabella, eine begabte Fotografin ihrer Zeit, hielt viele dieser Jagd- und Naturimpressionen im Bild fest. Die Gemenc AG renovierte in jüngerer Zeit das denkmalgeschützte Schloss mit seinen zu einem alten Meierhof gehörenden Nebengebäuden und nutzt dieses heute als gehobene Unterkunft für seine Jagdgäste.

Brach normalerweise immer etwas Hektik aus, wenn es an die Verteilung der Zimmer ging, so war es dieses Mal völlig entspannt. Jedem Teilnehmer wurde ein Einzelzimmer zugewiesen. Ein absoluter Luxus, wenn ich die teilweise sehr einfachen Unterkünfte der vergangenen Jahre Revue passieren ließ. Nur Josef und ich waren nicht glücklich, hatten wir doch bisher auf allen Reisen immer gemeinsam ein Doppelzimmer bewohnt. Dies sollte eigentlich auch in diesem Jahr wieder so sein, schätzten wir beide doch die abendliche Plauderei über die Jagderlebnisse des Tages. Da konnte ich auch verschmerzen, dass Josef meist schlecht einschlief und sich bemühte, mich bis spät in die Nacht wach zu halten. Wir baten die Hausdame darum, für uns ein Doppelzimmer möglich zu machen, und erhielten schließlich die Luxus-Suite des Schlosses. Vermutlich waren die Räumlichkeiten die ehemaligen Gemächer der adligen Eigentümer. Neben dem Schlafzimmer gehörten ein opulentes Wohnzimmer und ein eigenes Bad zur Ausstattung. Bei so viel Platz wussten wir kaum, wohin mit unserem spärlichen Gepäck. Schon in der ersten Nacht war es jedoch dahin mit der netten Zweisamkeit. Das ein oder andere Bier verursachte angeblich ein nervtötendes Schnarchen meinerseits, das Josef auf das Sofa umziehen ließ. Nach zwei dort verbrachten Nächten bestand er für die letzten Tage wieder auf das Bett im Schlafzimmer und verlangte, dass ich mich nun ins Wohnzimmer zurückzog. Die Hausherrin verstand die Welt nicht mehr. Erst machte sie ein Doppelzimmer möglich, und nun schliefen die Gäste doch getrennt.

Im Speisesaal war schon für uns gedeckt. Ein wenig zu vornehm vielleicht, aber wir freuten uns auf die gute, deftige ungarische Küche. An der Wand hing eine Replik des Weltrekordhirsches und verlieh der Szenerie etwas Erhabenes. Die Abende verbrachten wir vor dem offenen Kamin in der Eingangshalle des Schlosses. In schweren englischen Chesterfield-Sofas genossen wir Barack Palinká, den typisch ungarischen Obstbrand aus Aprikosen, und schauten müde von der Jagd und in Gedanken versunken auf die knisternden Holzscheite.

Foyer Jagdschloss Karapancsa

Am ersten Abend lernten wir den Oberjäger János Zilai kennen. Eine für mich prägende Begegnung mit einem Jäger, der mit Leib und Seele unserer gemeinsamen Passion nachging. Der knapp 50-Jährige wirkte

Oberjäger János Zilai

etwas ruppig in seiner Art, hatte aber ein grundehrliches und warmes Gemüt. Er ließ zunächst alle Jäger nacheinander antreten und fragte uns ab, mit welchen Kalibern und welchen Geschosstypen wir jagen würden. Mein Mannlicher Stutzen im Kaliber .30-06 mit einem Brenneke-TUG-Geschoss kam dabei nicht sonderlich gut weg. Für das teilweise doch eher starke ungarische Wild sei die Kugel nicht immer ausreichend. Er bevorzuge stärkere Kaliber in 9,3 mm mit einem Teilmantel-Rundkopf-Geschoss. Schon im nächsten Jahr sollte ich auf dieses Kaliber umstellen und jage hiermit heute noch erfolgreich auf Drückjagden.

Streng waren seine Ansagen zum Ablauf und Verhalten auf der in den nächsten vier Tagen anstehenden Jagd. Verständlich, wusste er doch nicht, an welche Gruppe er dieses Mal geraten war. An dieser Stelle erleben die Jagdleiter vor Ort oft unliebsame Überraschungen. Nicht nur Unerfahrenheit, sondern auch Unkenntnis und Leichtsinn lassen eine Jagd schnell zum Fiasko werden. Ist dies auch noch mit Überheblichkeit gepaart, sind solche Gruppen kaum noch sicher zu handhaben. Doch schon die ersten Treiben reichten aus, um János' Sorgen schwinden zu lassen und gemeinsam mit uns mit Freude zu jagen.

Am zweiten Abend schaute der Geschäftsführer der Gemenc AG im Schloss vorbei. Er fragte nach unserem Befinden und dem Erfolg der Jagd. Unverblümt und ohne Scham bot er uns überdies noch eine ganz besondere Jagd an: einen Drückjagdtag, an dem garantiert 30 starke Keiler zur Strecke kommen sollten. Wir schauten uns entgeistert an und hakten nach. Es würde sich um eine exklusive Gatterjagd handeln. Man fange im Vorfeld Frischlinge, sortiere sie nach Geschlecht aus und lasse die männlichen in den Ställen der umliegenden Bauern zu starken Keilern heranwachsen. Schließlich würden sie in einem Jagdgatter ausgesetzt und den Kunden zum Abschuss angeboten. Sein Vorschlag fand keinen Nährboden und wurde von Klaus freundlich, aber deutlich abgelehnt. Später am Abend konnte sich János dann nicht mehr zurückhalten und berichtete von den unterschiedlichen Vorstellungen über die Jagd und allen damit verbundenen Problemen zwischen der Geschäftsführung und den Jägern vor Ort.

Jetzt heißt es besonnen bleiben! (Foto: ©Bomenius/stock.adobe.com)

Die Jagd begann eher etwas schleppend. Das lag nicht nur an der Auswahl der Treiben, sondern sicherlich auch das ein oder andere Mal an unserem Unvermögen. Klaus und Josef standen bei einem Trieb nebeneinander vor Kopf. Der eher lichte Altholzbestand war tief einsehbar und bot ein ideales Schussfeld. Der Treiberwehr gelang es, eine starke Rotte bis vor die Schützenkette zu drücken. Beide konnten die etwa 25 Sauen schon von Weitem anwechseln sehen. Eine starke Leitbache führte die Rotte an. Daneben waren weitere starke Stücke, einige Überläufer und zahlreiche Frischlinge zu erkennen. Die beiden hätten es sich einfach machen können, denn wer bei den schwächsten Stücken anfängt, macht sicherlich nie etwas falsch. Aber das war ja eher der gängige Ratschlag für Jungjäger, und außerdem waren wir zu Beginn der Rauschzeit. Die ansonsten einzelgängerischen alten Keiler könnten schon bei der Rotte stehen. Den beiden blieb viel zu viel Zeit.

Würde der Keiler direkt hinter der Leitbache kommen oder doch als Letzter? Oft hatten wir darüber diskutiert. Sie hielten Ausschau nach vermeintlich sicheren Ansprechkriterien. Hat die Sau einen ausgeprägten Karpfenrücken? Ist die Masse nach vorn verlagert, und lässt sich ein Vorbau erkennen? Hat sie ein kurzes, dreieckiges Haupt, und trägt sie dieses tief? Ist die Bauchlinie nur wenig über dem Boden? War da nicht ein Pürzel auszumachen? Oder gar das Gewaff? Beiden erging es gleichermaßen.

Donau *(Foto: ©Sándor Kotyrba/stock.adobe.com)*

Plötzlich war die Rotte dann schon ganz nah, und es musste in Zeitnot eine Entscheidung getroffen werden. Fünf oder sechs Schüsse fielen, und der Rest der Gruppe vermutete schon Außerordentliches. Doch weit gefehlt. Keine der Kugeln fand ihr Ziel. Bedröppelt mussten sich die erfahrenen Jäger und guten Schützen eingestehen, dass sie zu gierig und letztlich der Situation dann nicht mehr gewachsen waren. Natürlich überwog zunächst der Ärger über diese verpasste Gelegenheit, aber schnell wurde das Geschehene unter gewonnener Erfahrung abgelegt und die Schadenfreude der anderen damit erträglicher.

Vor den Flussregulierungen folgte die Donau einem Kurs mit weiten Bögen. Im Laufe der Zeit schnitten sich einige davon selbst vom Hauptstrom ab und bildeten zahlreiche abflusslose Altarme. Zwischen diesen und dem Fluss entstanden so weitläufige, teilweise kilometerlange Inseln. Eine solche war am zweiten Tag Ziel unserer Jagd. Erreichte man die Inseln früher nur mit den für Ungarn typischen Csikeln, schmalen und extrem flachen Booten, die mit Staken durch Röhricht und Flachwasser geschoben werden konnten, so gab es mittlerweile die ein oder andere Brücke. Sicherlich waren diese von der Gemenc AG angelegt worden, um auch diese verträumten Ecken des Reviers erreichen zu können. Zumindest deutete die Absperrung in Form einer Kette mit Schloss, für das nur die Oberjäger den passenden Schlüssel hatten, darauf hin. Hier fanden Schwarzstorch und Seeadler ganz gewiss genügend Ruhe vor störenden Besuchern und konnten ungestört ihre Jungen aufziehen. Als hervorragende Schwimmer war es aber auch für die Schwarzkittel ein Leichtes, diese Bereiche als vermeintlich sichere Einstände zu nutzen.

Ich erhielt einen Stand in einem äußerst übersichtlichen Pappelaltholz, eher im hinteren Bereich des Treibens. Das Gelände war zwar flach, aber einen direkten Nachbarn hatte ich nicht und somit fast freies Schussfeld. Das Treiben war schon einige Zeit im Gang, da wechselten mich in vollem Tempo drei Überläufer an. Auf etwa 60 m konnte ich die erste Kugel aus dem Lauf schicken. Die Sau brach hinten ein und kam schlagartig wieder hoch. Erst der zweite Schuss ließ sie im Feuer zusammenbrechen. Ich öffnete das Schloss und begann nachzustopfen, da kündigten sich schon die nächsten Sauen an. Wieder mitfahren und möglichst vorn abkommen, hatten auch diese Überläufer doch ein enormes Tempo. Die Sau geht über Kopf, aber auch dieses Mal kommt sie wieder hoch und quittiert meinen Fangschuss hinter die Teller. Wieder öffne ich das Schloss, um nachzuladen, und muss dieses geschwind wieder schließen. Das dritte Mal wechseln mich Sauen an, und das dritte Mal habe ich Weidmannsheil. Die vierte Sau blieb mir dann allerdings nicht mehr vergönnt. Ich hatte in der ganzen Hektik keinen Überblick mehr, wie viele Kugeln noch im Magazin waren. Der erste Schuss ging fehl, und beim zweiten musste ich ein ernüchterndes Klicken registrieren. Aber drei Sauen auf einem Stand waren für mich schon etwas ganz Besonderes, und auch bei János und den Treibern war die Freude groß.

Sammeln der Jäger

Nach zwei Tagen hatten wir 28 Sauen und drei Stück Rotwild, insgesamt also 31 Stück Wild erlegt. Die Ungarn peilten sicher die pauschale Obergrenze von 51 Stück Wild an. Doch der dritte Jagdtag verlief zunächst nicht sonderlich erfolgreich. Kein Schuss fiel in den ersten beiden Treiben, und zu allem Überdruss wurde auch noch ein Hund von einem Keiler geschlagen. Die Stimmung der Ungarn wurde zunehmend schlechter. Unsere Rechnung hingegen schien aufzugehen. Nur noch ein Treiben und der letzte Jagdtag standen an, und bei normalem Gelingen könnten wir vielleicht noch gut über die 40er-Marke kommen, aber mit mehr Erfolg hatte wohl kaum einer von uns gerechnet. Wir machten die Rechnung allerdings ohne János. Er kündigte ein Schilftreiben an, das sich zu einem der ereignisreichsten Treiben unserer Drückjagdreisen entwickeln sollte und alle Rechnerei ad absurdum führte. Unsere Transportwagen bahnten sich ihren Weg vorbei an weitläufigen Ackerflächen. Wir folgten einem wasserführenden Graben von etwa 6 m Breite, der sich nach und nach durch eine immer breiter werdende Geländesenke schlängelte. Entlang des Grabens taten sich dichte Schilfrohrflächen auf.

Unsere Stände waren mehr oder weniger gleichmäßig etwa alle 100 m auf beiden Seiten des Gewässers verteilt. Die ersten der etwa 2 m hohen Drückjagdböcke blieben zunächst unbesetzt, war unsere Gruppe doch nicht mannstark genug. Jeder Stand war mit einer etwa 20 m breiten gehäckselten Schussschneise, die bis zum Graben reichte, und drei oder vier schmalen Krähenfüßen versehen. So sollten die anwechselnden Sauen rechtzeitig ausgemacht und auf der Schneise von uns aufgenommen werden können. Ich hatte Standnummer 10 und blieb bis zum Ende bei János im Wagen. Die Geländesenke war sicher mehr als 1 km lang und zum Ende hin auf eine Breite von 250 m angewachsen. Im letzten Teil versprang sie um fast 90 Grad und war dort von einzelnen Bäumen und einem angrenzenden Feldgehölz gesäumt. Die Senke mündete in einen angrenzenden See, der für uns aufgrund der hohen Ufervegetation nicht mehr einsehbar war.

Ich bestieg zusammen mit János einen kleinen, nach oben offenen Hochsitz am Ende des Treibens. Vor uns lag ein versumpfter Tümpel mit dichter Röhricht-Vegetation inmitten einer verwilderten Wiese. Im Winkel der großen Geländeniederung konnte ich schemenhaft Franz-Josef auf einer Kanzel inmitten einer gepflügten dunklen Ackerfläche erkennen. Die Treiber begannen jenseits des Grabens die Schilfrohrflächen zu drücken. Ewig dauerte es, sich durch die dichten, fast 3 m hohen Röhrichte vorzuarbeiten. Lange blieb es ruhig. Kein Hundegeläut, kein lauter werdendes Rufen der Treiber, kein Schuss. János wurde sichtlich nervös, hatte er sich doch viel von diesem Treiben versprochen. Dann ein erster Schuss direkt vor mir aus Richtung des angrenzenden Sees. Das dürfte Willi gewesen sein. Nur einen kurzen Moment später tippte János auf meine Schulter und flüsterte etwas von einer starken Sau unmittelbar vor mir. Ich konnte im Schilf keine Bewegung ausmachen. Er wurde ungeduldig und deutete mir an, dass er die Kanzel verlassen werde, um die Sau in Bewegung zu setzen. In gerader Linie stapfte er in seinen ausgelatschten Stiefeln in Richtung des dichten Schilfrohrs. Nur wenige Meter davor rief er: „Sau nach links, Sau nach links! Mach dich fertig!" Erst ein dunkler Schatten, und dann kam das Schwein auch schon in Anblick. Es versuchte sich entlang einer Strauchreihe heimlich davonzumachen.

János hatte recht gehabt, das war ein wirklich starkes Schwein. Ich fuhr mit und ließ auf der eher langsamen Sau im Bereich des Schildes fliegen. Sie quittierte die Kugel mit einem leichten Rucken, sodass ich vorsichtshalber eine zweite hinterherschickte. Das Schwein sackte zusammen und war im hohen Gras nicht mehr zu erkennen. János eilte mir freudestrahlend entgegen. Wir konnten es beide kaum abwarten, das Hauptschwein in Augenschein zu nehmen. Als die Treiber den See erreichten, verließen wir geschwind den Sitz. Wir hofften beide auf einen starken Bassen, wurden dann aber auf den Boden der Tatsachen zurückgeholt. Vor uns lag eine alte Bache, die sicherlich 150 kg auf die Waage brachte. Ihr Verhalten entsprach eher dem eines Keilers, aber am Geschlecht war nicht zu rütteln. Mein einziger Trost war, dass sie nicht führend war. János nahm die Situation viel entspannter und streckte mir seine Hand zum Weidmannsheil entgegen.

Ich ging davon aus, dass das Treiben nun zu Ende sei. Aber weit gefehlt. Mit dem Wagen sammelten wir Willi und Wolfgang ein und fuhren entlang der Schützenkette zum eigentlichen Anfang des Treibens zurück. Franz-Josef war jetzt der letzte Schütze auf dem Rückwechsel, da sich die Treiber nun diesseits des Grabens durch das Röhricht kämpften. Im Vorbeifahren querte uns eine Rotte von etwa zehn Sauen. Wir bremsten und beobachteten, wie Franz-Josef sich und seinen Halbautomaten in Position brachte. Eigentlich war diese Art von Waffen in unserer Gruppe nicht gern gesehen. Sie bedürfen eines wirklich disziplinierten Schützen, wollen sie vernünftig und weidgerecht eingesetzt werden. Der erste Schuss lag nur wenig hinter der anvisierten Sau und ließ die schwarze Erde im Acker aufspritzen. Der zweite Schuss ging ebenfalls knapp daneben. Der dritte lag dann schon jenseits von Gut und Böse, und die restlichen sollen hier unkommentiert bleiben.

Natürlich waren große Magazine schon damals nicht erlaubt, aber dennoch war der Halbautomat der ganze Stolz des Eifler Fensterbauers. Doch viele Schüsse in immer schnellerer Abfolge waren genau das, was wir an dieser Waffe kritisierten.

Da wird nicht mehr sauber mitgefahren, sondern die Waffe einfach nur leer geschossen. Die ein oder andere Kugel würde wohl schon treffen, war die Hoffnung des Schützen. Nicht selten hat das Wild sogar nicht einmal die Chance umzufallen, da ist schon die zweite Kugel aus dem Lauf. Unsere gut gemeinte Kritik gaben wir Franz-Josef am Abend auch deutlich zu verstehen. So richtig einsichtig war er allerdings nicht.

Wir setzten unsere Fahrt Richtung Anfang des Treibens fort und wurden dort auf den bisher frei gebliebenen Sitzen postiert. Sicherlich waren bis dahin schon einige Schüsse gefallen, aber das, was nun folgen sollte, stellte alles Bisherige in den Schatten. Die Sauen lagen wohl vornehmlich diesseits des Grabens und wurden jetzt langsam, aber sicher in unsere Richtung getrieben. Sie mussten jedoch zunächst die Schützenkette aus Heinz, Manni und Klaus passieren, bevor sie zu Josef, mir und den restlichen Schützen kommen sollten. Aber die drei ließen kaum etwas passieren. Nur wenige Sauen kamen noch bei uns an. Zwischendurch mal ein Rascheln im Schilf, aber keine Möglichkeit, einen Schuss abzugeben. Die Schützen vor uns zeigten ihr Können und schossen eine Sau nach der anderen. Immer wieder war das Donnern ihrer Schüsse zu hören, und kleine Schmauchwolken zeugten davon in der Ferne. Mir blieb Zeit, Zielübungen auf abstreichende Fasanenhähne zu machen, hatte ich mich doch längst damit abgefunden, nicht weiter zur Strecke beitragen zu können. Josef hingegen hielt es kaum auf dem Sitz. Immer wieder vermutete er Sauen im dichten Pflanzendschungel unter seinem Hochsitz. Aber auch er kam bis auf einen Verzweiflungsschuss auf eine senkrecht unter ihm wegflüchtende Sau nicht mehr parat.

Anstreichübungen auf Fasanen (Foto: ©Xalanx/stock.adobe.com)

Das Treiben neigte sich nun allmählich dem Ende zu. Nur Willi hatte noch mächtig Arbeit. Eine Sau hatte es dann doch an allen Schützen vorbeigeschafft, diese hatte er zu allem Überdruss auch noch angeflickt. Sie drückte sich schwer getroffen unweit seiner Schneise vor ihm im Schilf. Die Treiber verweigerten massiv, aber auch verständlich, sich Richtung Sau zu begeben. Im dichten Schilfrohr konnte man kaum 1 m weit sehen, und die Gefahr, von der kranken Sau angenommen zu werden, war viel zu groß. So musste Willi die Situation in Eigenregie lösen. Er tänzelte nervös am Rand des Dickichts hin und her und immer wenn er den kondensierenden Atem der Sau ausmachen konnte, gab er einen Schuss in Richtung des vermeintlichen Wundbettes ab. Vier oder fünf Schüsse waren notwendig, bis endlich Ruhe einkehrte und die Sau geborgen werden konnte.

Die Gesamtstrecke betrug beeindruckende 20 Stück Schwarzwild und ein Stück Rotwild. So etwas hatten wir noch nicht erlebt. János hatte ein verschmitztes Lächeln auf den Lippen und schien sichtlich zufrieden zu sein.

Die Tagesstrecke brachte uns nun auf insgesamt 52 Stück Wild. Wir hatten die höchste Pauschale erreicht, teurer konnte es nicht mehr werden. Das beispiellose Erlebnis im Schilf ließ uns diese Erkenntnis aber eher verschmerzen, als dass sie die ausgelassene Stimmung hätte trüben können. Es stand ja zudem noch ein weiterer Jagdtag an, und der konnte uns eigentlich nur nach vorn bringen. Aber die Ungarn bewirtschaften ihre Reviere nun mal in Vollendung.

János wechselte den Revierteil, sodass wir am letzten Jagdtag vorwiegend auf Kahlwild jagten. Hatten wir bisher das ein oder andere einzelne Stück oder auch kleinere Rudel vorgehabt, so schienen wir uns nun im Zentrum der Rotwildeinstände zu befinden. Rudel von bis zu 50 Stück Kahlwild kamen mehrfach in Anblick, und wir mussten diese, ohne auch nur die Spur einer Chance zu haben, passieren lassen. Geschickt führten die Leittiere ihre Rudel und ließen diese sich immer wieder schützend zusammenschieben. Freie Flächen, Schneisen und Wege wurden nur in hoher Flucht gequert. Kaum einmal ergab sich die Möglichkeit, ein einzelnes Kalb oder Schmaltier frei zu bekommen und wenn doch, dann nur für den Bruchteil einer Sekunde. Auch der ein oder andere stärkere Hirsch kam in Anblick und ließ vermuten, wie imposant die Brunft hier wohl ablaufen sollte. Das war schon interessant zu erleben, aber jagdlich war der Erfolg mit drei Stück Kahlwild doch eher bescheiden.

Unserer ersten Jagd in Ungarn folgten in den kommenden Jahren noch einige weitere. Immer trafen wir auf exzellente und passionierte Jäger, die ihre Drückjagden mit Akribie vorbereiteten und mit viel Passion durchführten. Sie verstanden es in Perfektion, mit einer begrenzten Anzahl an Jägern erfolgreich zu jagen, stets in einem stilvollen Rahmen von der „Begrüßung“ und dem „Sammeln der Jäger“ über „Hahn in Ruh“ bis hin zu „Jagd vorbei“ und „Halali“.

Jagd:	Drückjagd auf Rotwild und Schwarzwild
Ort:	Karapancsa, Südungarn
Revier:	Béda-Karapancsa, 23.320 ha
	Jagdschloss Karapancsa
Datum:	Dezember 2004
Strecke:	7 Stück Rotwild, 50 Sauen
Anzahl Schützen:	8
Schussverhältnis:	1 : 2,6
Vermittler:	Hubertus Jagdreisen (Forst Hungaria AG)

Feuerteufel

Meine letzte Reise nach Polen lag nun schon fast zehn Jahre zurück, und ich freute mich, endlich wieder in diesem wunderschönen und abwechslungsreichen Land mit so viel Jagdtradition weidwerken zu dürfen. Längst vergessen waren die Jagden, auf denen man auf unlängst ausgetretenen Ständen eingewiesen wurde und zu allem Überdruss auch noch die ein oder andere frisch abgeschossene, beinahe noch warme Hülse am Boden fand. Nur die vielen schönen und erinnerungswürdigen Jagderlebnisse waren noch in unseren Köpfen, und frohen Mutes wurde der Ort Oborniki Śląskie, etwa 25 km nordwestlich von Breslau, in Niederschlesien zu unserem Ziel. Dort sollten wir die kommenden Tage in einem Verbund von drei Revieren jagen dürfen.

Wir hatten es schon oft kontrovers in unserer Gruppe diskutiert, doch in diesem Jahr wollten wir es erstmals in die Tat umsetzen. Da jagt man in fernen Ländern, in der Nähe großartiger Städte oder anderer Sehenswürdigkeiten, und was bekommt man zu Gesicht? Ausschließlich winterlichen und dann doch meist eher tristen Wald, der in jedem Land mehr oder weniger gleich erscheint. Natürlich ist die Jagd Sinn und Zweck einer solchen Reise, und diese findet nun mal in der Natur statt. Aber grenzt es nicht trotz alledem schon an Ignoranz, wenn man nicht bereit ist, wenigstens ein klein wenig über den Tellerrand hinauszuschauen? Dabei stellt sich jedoch die Frage: Ist dies wirklich im Rahmen einer Jagdreise praktikabel? Es sollte einen Versuch wert sein, und so planten wir, unsere vier Jagdtage durch einen Kulturtag zu unterbrechen. Dieser fiel auf einen Sonntag, dies kam daher den Jägern vor Ort zupass. Der Sonntag ist den Polen heilig, und nur ungern werden am Kirchtag Gesellschaftsjagden durchgeführt.

Zunächst mussten wir aber die nicht enden wollenden 860 km in zwei Kleinbussen hinter uns bringen. Ausreichend früh gestartet, kamen wir noch vor Einbruch der Dämmerung im Revier an und wurden am Jagdhaus herzlich vom dortigen Jagdverein begrüßt. Das Holzhaus ähnelte einem Finnhaus mit fast bis zum Boden herabreichendem Satteldach. Es war urig, mitten im Wald gelegen und strahlte eine anheimelnde Atmosphäre aus. Allerdings bot es nicht ausreichend Platz für unsere gesamte Gruppe. So hatten wir uns schon im Vorfeld der Reise aufgeteilt. Die eine Hälfte nächtigte in der Jagdhütte, die andere Hälfte residierte in einem Hotel im benachbarten Ort. Ich war froh, die Jagdhütte gewählt zu haben, liebte ich doch die eher einfachen, rustikalen und zu einer Jagd passenden Unterkünfte. Die

Urig! (Foto: ©Henry Czauderna/stock.adobe.com)

Hütte bot im Erdgeschoss einen großen Aufenthaltsraum, eine kleine Küche, ein Bad und zwei Einzelzimmer. Eines direkt am Eingang gelegen, furchtbar klein und ohne Fenster. Das zweite im hinteren Bereich neben der Küche, ebenfalls von nicht besonders üppiger Größe. Heinz und Barnim, die beiden Ältesten der Jagdhüttengruppe, waren die Auserwählten, die hier ihre Sachen verstauen durften. Der Wohnraum wurde von einem großen Kachelofen, der wohlige Wärme spendete, dominiert. Lange Holztische und -bänke, die sicherlich schon oft vom hiesigen Jagdverein für ausgelassene Feiern genutzt worden waren, füllten den Raum. Eine schmale Stiege, fast einer Leiter ähnelnd, führte im hinteren Bereich auf den Dachboden. Dort befand sich an den Kopfseiten jeweils ein Doppelzimmer mit einem dazwischenliegenden offenen Durchgangsbereich, der weitere vier Betten unter den seitlichen Dachschrägen beherbergte. Aufrechtes Gehen war auf diesem Spitzboden nur in der Mitte des Raumes möglich. Josef und ich bezogen das eine Doppelzimmer, und Olaf, der Bruder unseres Gruppenleiters Klaus, entschied sich für das andere. Eigentlich wollten sich die beiden Neulinge Olaf und sein Freund Thomas ein Zimmer teilen, mussten dies aber schnell verwerfen. Olaf war fast 2 m groß, passte kaum in die kleinen Betten und musste bei geöffneter Tür schlafen, um sich einigermaßen ausstrecken zu können. So nahm Thomas gezwungenermaßen vorlieb mit einem der Betten im Durchgangszimmer. Ja, beileibe, das war wirklich rustikal!

Unsere Reviere hatten einen recht hohen Anteil an Acker- und Wasserflächen. Der Wald bestand zu fast drei Vierteln aus Nadelhölzern, der Rest wurde durch Eiche, Buche und Erle bestockt. Immer wieder trafen wir auf künstlich angelegte Teiche und Seen. Diese wurden Jahr für Jahr in Rotation abgelassen, um Karpfen abzufischen. Uns bislang kein Begriff, aber wohl über die Grenzen hinaus bekannt, wird hier der Karpfen, insbesondere der Miliczer Karpfen, als Delikatesse geschätzt. Auch wenn uns dieser nicht serviert wurde, schlemmten wir wie immer vorzüglich. Deftiges Essen, mit viel Fleisch und vor allem fettig, war stets eine gute Grundlage für den ein oder anderen Wodka.

Wie nicht anders erwartet, zumindest aber erhofft, jagten wir zwei Tage lang mehr oder minder erfolgreich. Olaf begleitete uns zum ersten Mal zu einer Drückjagd ins Ausland. Die beiden Brüder Olaf und Klaus waren mit der Niederwildjagd groß geworden, aber nur Klaus besaß inzwischen auch auf Hochwild eine ausgewiesene Erfahrung. Aber wem die Jagd im Blut liegt, der kommt meist auch auf fremdem Terrain gut zurecht. Olaf streckte seine ersten Drückjagdsauen und wurde von der Gruppe feierlich in den Kreis der Drückjagdjäger aufgenommen. Natürlich war er längst auf einer seiner vielen Hasentreibjagden zum Jäger geschlagen worden, aber sein Erfolg auf einer Drückjagd bedurfte nun mal besonderer Beachtung. So legten wir zumindest die Situation aus und rechtfertigten einen zweiten Jägerschlag. Die schöne Tradition des Jägerschlages geht auf die Anfänge des Berufsjägertums im 12. Jahrhundert zurück. Wer früher die Jägerei erlernen wollte, musste drei Lehrjahre absolvieren, bevor er freigesprochen wurde und feierlich den Hirschfänger überreicht bekam. Dabei versetzte ihm der Lehrprinz einen symbolischen Backenstreich mit den Worten: „Dies erleidest du jetzt von mir und fortan nicht mehr, weder von mir noch von einem anderen." Dieser Schlag auf die Backe wird heute durch den dreimaligen Schulterschlag mit der kalten Waffe ersetzt und von den Worten „Der erste Schlag soll dich zum Jäger weih'n, der zweite Schlag soll dir die Kraft verleih'n, zu üben stets das Rechte, der dritte Schlag soll dich verpflichten, nie auf die Jägerehre zu verzichten" begleitet. Wolfgang fungierte dabei als Zeremonienmeister, und wir hatten unseren Spaß.

Jägerschlag

Die Stadtführung in Breslau war für den frühen Nachmittag gebucht. Zeit genug, um vorher einen ausgiebigen sonntäglichen Frühschoppen zu halten, so zumindest unser Plan. Leider stellten wir schnell fest, dass diese Kultur den Polen völlig fremd war. Zudem war auch das Wetter mit leichtem Nieselregen bei einstelligen Temperaturen nicht besonders einladend, um schon mal die Stadt auf eigene Faust zu erkunden. So nahmen wir vorlieb mit dem einzig schon geöffneten Café am Rynek, dem Großen Ring, einem mittelalterlichen Marktplatz im Zentrum der Stadt. Fast zwei Stunden tranken wir an viel zu kleinen Tischen einen Kaffee nach dem anderen und warteten, bis endlich der erste Brauerei-Bierkeller seine Tore öffnete. Gegen 11.00 Uhr stiegen wir hinab in die Hausbrauerei Spiż, und die Runde wurde zunehmend geselliger. Die Stadtführerin wurde kurzerhand umdisponiert und holte uns gegen 14.00 Uhr direkt im Spiż ab.

Altstadt von Breslau (Foto: ©Kavalenkava/stock.adobe.com)

Breslau, auf Polnisch Wrocław, ist mit rund 640.000 Einwohnern die viertgrößte Stadt Polens. Die Oder durchströmt diese aufstrebende Metropole, und mit ihren zwölf innerstädtischen Inseln und circa 120 Brücken verdient die Stadt zu Recht den Namen „Venedig des Ostens". Breslau blickt auf eine lange deutsch geprägte Geschichte zurück. Mit Ende des Zweiten Weltkrieges fand dieser Einfluss jedoch ein jähes und düsteres Ende: 170.000 Tote und zwei Drittel aller Gebäude der Stadt zerstört – das war die traurige Bilanz des deutschen Größenwahns. Dabei war die Stadt bis in den Herbst 1944 noch weitgehend von Bombardierungen verschont geblieben. Aber als Generaloberst Guderian viele osteuropäische Städte zu Festungen deklarierte und ausbauen ließ, nahm das Unheil seinen Lauf. Im Frühjahr 1945 wurde die Stadt 80 Tage lang belagert und unter Artilleriebeschuss genommen. Die Eingeschlossenen sprengten ganze Häuserzeilen, um Material für neue Verteidigungsanlagen zu gewinnen und sogar eine innerstädtische Landebahn zu bauen. Ohne Skrupel ließ der unsägliche Gauleiter Karl Hanke, den Hitler noch kurz vor seinem Tode zum Nachfolger Himmlers als Reichsführer SS ernannte, diese Bahn von Kindern errichten. Hunderte fanden auf diesem blutgetränkten Rollfeld ihren Tod. Kein Flugzeug landete oder startete jemals von dieser Bahn, bis auf den bis dahin gut versteckten Fieseler Storch, mit dem sich Anfang Mai 1945 Karl Hanke aus dem Staub machte. An der Stadt selbst lag Hanke nichts, er vernichtete systematisch wertvolle Kulturgüter, nur damit sie nicht den Russen in die Hände fielen. Diese gaben der Stadt nach der Kapitulation dann endgültig den Rest. Sie brandschatzten und vertrieben in den Folgejahren alle deutschen Einwohner. Vor allem Ostpolen aus Lemberg wurden nun in Breslau angesiedelt. Ihnen ist es letztlich zu verdanken, dass der Stadt neues Leben eingehaucht wurde und sie in den folgenden Jahrzehnten liebevoll restauriert wurde.

Zu Fuß und mit unseren beiden Bussen erkundeten wir fast vier Stunden lang die Stadt Breslau. Den Rynek mit seinen farbenfrohen Patrizierhäusern und dem alten Rathaus, die Dominsel, die Jahrhunderthalle, das Panorama Racławicka – und überall begleiteten uns die Zwerge von Breslau. Mehr als 400 dieser kleinen bronzenen Gesellen finden sich inzwischen im Stadtgebiet. Ihre Geschichte geht auf die avantgardistische und antikommunistische Künstlergruppe „Orange Alternative" Ende der 1980er-Jahre zurück. Mit feinem Humor lehnte sich diese Bewegung friedlich mit Zwergen-Graffitis respektive im Zwergen-Outfit gegen die Unterdrückung durch den kommunistischen Staat auf. Ihnen zu Ehren wurden im Jahre 2001 die ersten Figuren in Breslau zum Leben erweckt.

Breslauer Zwerge (Foto: ©Aliaksandr/stock.adobe.com)

Hunger machte sich allmählich breit, und die Gestaltung des Abends war noch nicht organisiert. Spontan wollten wir Zeit und Örtlichkeit wählen. Der allgemeine Tenor tendierte eindeutig zu Steaks als Abschluss dieses auf eine andere Art und Weise anstrengenden Tages. So besprach Klaus den weiteren Verlauf mit unserem Dolmetscher. Dieser schlug vor, im Restaurant eines Freundes einzukehren. Erst vor Kurzem eröffnet, im Natur-Design eingerichtet und ausreichend Platz für einen großen Tisch für die ganze Gruppe bietend, sollte dieses eine geeignete Wahl sein. Nur die notwendige Bedingung, dass Steaks zubereitet werden sollten, musste noch geklärt werden. Unser polnischer Begleiter gab nach einem kurzen Telefonat grünes Licht. Die Räumlichkeiten waren wirklich schön, und die Bedienung gab sich redlich Mühe, schnell die ersten Getränke zu unserem Tisch zu bringen. Die angebotenen Speisekarten wiesen wir allerdings freundlich, aber bestimmt zurück. Für zwölf Steaks war eine Karte bedeutungslos. Es dauerte einen Moment, bis sich die freundliche Servicekraft wieder am Tisch einfand. Nach Rücksprache mit der Küche gab es ein Problem. Anstatt der zwölf Steaks wären leider nur vier verfügbar. Wir quittierten dieses Eingeständnis mit ersten ärgerlichen Blicken. Da jedoch alle froh waren, endlich gemütlich beisammenzusitzen, und die sonstigen Rahmenbedingungen zu passen schienen, ließen wir uns dann doch die Speisekarten bringen. Wir nahmen Anlauf zur zweiten Bestellung. Augenscheinlich war in der Gruppe Zurückhaltung geboten. Willi war der Erste in der Runde, der sich traute, ein Steak zu bestellen. So kam es, wie es kommen musste, am Ende waren nur drei der vier Steaks geordert. Das konnte nicht sein, und die Bestellung begann wieder von vorn. Dieses Mal mit Erfolg, die Steaks waren verteilt, und der Rest hatte sich mit anderen Gerichten abgefunden.

Ausgelassen wurde über die Stadt, die Bewertung unseres Kulturtages und natürlich die noch verbleibenden zwei Jagdtage geplaudert. Die ersten Gerichte wurden serviert, bis nur noch die vier Auserwählten übrig blieben. Höflich warteten wir auf den großen Moment, um gemeinsam mit dem Essen zu beginnen. Die vier Teller näherten sich dem Tisch und wurden fast zeitgleich vor den Erwartungsvollen platziert. Etwas Salatgarnitur, ein großer Berg Pommes und daneben kein saftiges Rumpsteak, Rib Eye oder Porterhouse, sondern zwei schmal geschnittene Bratenstücke, die sich unter einem lieblos verteilten, viel zu üppigen Schlag dunkler Soße verbargen.

Mein Jagdfreund Josef, ein ausgewiesener Fleischliebhaber und beileibe kein Kostverächter, war derart geschockt, dass er den Teller wortlos und beinahe angewidert in die Mitte des Tisches schob und sich fortan bockig weigerte, eine Alternative zu bestellen, geschweige denn den Braten zu sich zu nehmen. Die bis dahin gute Stimmung kippte, und der Abend fand ein frühes Ende. Der Weg zu unseren beiden Fahrzeugen war nicht besonders weit. Nach der zweiten Häuserecke erreichten wir eine Seitenstraße des Rynek und wurden vom grellen roten Neonlicht eines Maredo-Steakhauses geblendet. Der Zwerg am Straßenrand schien uns zuzuzwinkern und hatte ein verschmitztes Lächeln auf den Lippen.

Das Experiment eines reinen Kulturtages hatten wir mit gemischten Gefühlen hinter uns gelassen und waren froh, am Folgetag wieder die Spannung einer Drückjagd erleben zu dürfen. Zwei Frischlinge konnte ich bisher strecken und war durchaus zufrieden. Von meinem Stand im zweiten Treiben hatte ich über eine kleine Geländesenke hinweg fast freie Sicht in den Gegenhang. Mir bot sich optimaler Kugelfang, und einen direkten Nachbarn hatte ich auch nicht. Die Rotte wurde durch mehrere, in Abständen immer lauter schallende Schüsse angekündigt. Eine Bache mit augenscheinlich sieben Frischlingen querte den Gegenhang auf etwa 80 Schritte. Ich nahm direkt einen der ersten Frischlinge auf, fuhr mit und ließ die Kugel aus dem Lauf. Der Wutz rollierte und zeitgleich ein zweiter, der sich wohl direkt im Schatten meines Ziels befunden haben musste. Ich hatte diesen nicht ausmachen können und war eigentlich sicher, ein freies einzelnes Ziel anvisiert zu

Frischlinge (Foto: ©Budimir Jevtic/stock.adobe.com)

haben. Die Waffe durchrepetiert, war ich nach kurzem Zögern auf dem nächsten Frischling, und auch dieser nahm die Kugel tödlich. Inzwischen machte sich jedoch der Zufallstreffer wieder auf die Läufe, und ich hatte Mühe, einen Fangschuss anzubringen. Er hatte wohl zuvor nur ein paar Splitter abbekommen und wurde zunehmend reger. Letztlich aber lagen alle drei, und ich konnte mein Jagdglück kaum fassen. Ich wusste aber auch, dass ich extremes Glück gehabt hatte. Die Splitter hätten die Sau überall treffen können, und ich gebot mir insgeheim, zukünftig noch mehr Sorgfalt beim Ansprechen und Einschätzen möglicher Jagdsituationen walten zu lassen. Der Finger muss gerade bleiben, wenn Wild nicht einzeln steht oder zieht. Erfahrene Bachen und Alttiere halten ihre Gemeinschaft geschickt eng beieinander, solange der Druck von Treibern und Hunden nicht zu groß wird. Eine Vorsichtsmaßnahme, die Beutetiere instinktiv anwenden, wenn ihr Rudel bedroht wird.

Mir wurde die Würde des Tages-Jagdkönigs zuteil, und ich wollte bereits an der Strecke meinen Pflichten nachkommen. Diese war stilvoll auf der Wiese vor unserem Jagdhaus gelegt. Schnell zum Haus und eine Runde Wodka organisieren, um am wärmenden Feuer mit allen anzustoßen. Nur wenige Minuten konnte dies in Anspruch genommen haben. Doch als ich mit dem großen Tablett gefüllter Gläser zum Feuer zurückkam, machten sich unsere Hotelgäste gerade aus dem Staub. Etwas verdutzt schaute ich den Rücklichtern des Busses hinterher und war in diesem Moment schon etwas enttäuscht, dass eine wärmende Dusche wichtiger zu sein schien als unsere Gemeinschaft. Mir blieb nur die Jagdhüttengruppe, die allerdings nicht abgeneigt war, sich gemeinsam mit mir zu freuen. Zwei Gläser für jeden brachten uns auf den Geschmack, und am Feuer wurde es urgemütlich. Ich

Strecke vor dem Jagdhaus

weiß nicht mehr, wie viele Kurze wir zu uns nahmen, aber nach zwei Stunden saßen wir bei Nieselregen immer noch draußen und genossen diese besondere Atmosphäre. Die Gruppe der „Feuerteufel" war geboren. Die Gemeinschaft hatte in unserer Drückjagdgruppe immer einen besonderen Stellenwert und wurde über das ganze Jahr gepflegt. Dies war und ist auch heute noch der Hauptgrund dafür, dass wir immer noch gemeinsam jagen, sei es zu Hause in den eigenen Revieren oder im Ausland auf Jagdreisen. Nun hatte sich aber aus einer dummen Situation heraus eine kleine und beinahe schon verschworene Gruppe in der Gruppe etabliert. Zunächst etwas spaßig, später fast schon ernsthaft ließen wir dies die anderen spüren. Immer wieder fiel das Wort „Feuerteufel", das den Unbeteiligten in jeder erdenklichen Situation aufs Brot geschmiert wurde. Die einen waren vielleicht ein wenig neidisch, dass jeder Hotelgast eine eigene Dusche hatte, wir uns dagegen eine einzige teilen mussten. Die anderen waren vielleicht etwas traurig, dass sie diesen spontanen und deshalb besonderen Moment am Feuer verpasst hatten. Egal, diese Dynamik musste schnellstens unterbrochen werden, um keinen bleibenden Unmut aufkommen zu lassen. Klaus erkannte dies ausreichend früh und sprach als Gruppenleiter ein Machtwort. Mit etwas Abstand erzählen wir heute immer mal wieder und meist recht entspannt von dieser Begebenheit, merken aber auch, dass trotz alledem eine ganz kleine Narbe geblieben ist.

Am Abend vor der Rückfahrt setzte heftiger Schneefall ein. Dicke und schwere Flocken brauchten nicht lange, um Jagdhütte, Streckenplatz und die polnischen Wälder in eine tiefe Winterlandschaft zu verwandeln. Es schneite die ganze Nacht hindurch und sollte unsere Rückfahrt zu einem Fiasko werden lassen. Bestimmt einen halben Meter Schnee mussten wir vom Dach unseres Busses räumen. Über einen ausgetretenen Pfad brachten wir unser Gepäck vom Haus zum Wagen. Die Autobahn A4 war über Landstraßen etwa 60 km in südwestlicher Richtung entfernt. Aber würden diese schon geräumt und überhaupt befahrbar sein? Wir gingen auf Nummer sicher und wählten den etwas längeren Weg über Breslau. Hier sollten die Straßen doch frei sein, und der erwartete kleine Zeitverlust würde verschmerzbar sein. Bis kurz vor Breslau kamen wir einigermaßen gut voran, aber die Stadt selbst war längst im Schneechaos versunken. Es ging kaum mehr voran. Jede Kreuzung wurde zur echten Geduldsprobe. Immer wieder quälten wir uns an kleineren Auffahrunfällen vorbei. Erst nach mehr als drei Stunden hatten wir endlich die Autobahnauffahrt erreicht. Die Erleichterung war von kurzer Dauer, denn die Auffahrt war gesperrt, und wir mussten den Umleitungsschildern parallel zur Autobahn folgen. Die nächste Auffahrt war nur wenige Kilometer entfernt. Doch auch

Fuchs kann immer kommen! (Foto: ©Milan/stock.adobe.com)

hier standen wir vor einem rot-weißen Durchfahrt-verboten-Schild. Also weiter entlang der Autobahn. Die Anzahl der Umleitungsschilder nahm mit zunehmender Entfernung zur Stadt ab, und so war ein erstes Verfahren die logische Folge. Irgendwie erreichten wir die dritte Auffahrt hinter Breslau, und allmählich machte sich Resignation breit, denn auch diese war gesperrt. So setzte sich das Drama fort, bis wir nach gut fünf Stunden dann doch noch auf die Autobahn auffahren konnten. Und dies genau an der Auffahrt, die wir bei dem ursprünglich geplanten Weg über Landstraßen erreicht hätten. Jetzt hatten wir noch 750 km Rückfahrt vor der Brust und erreichten die heimatlichen Gefilde erst tief in der Nacht.

Jagd:	Drückjagd auf Rotwild und Schwarzwild
Ort:	Breslau, Polen
Revier:	Verbund dreier Reviere nordwestlich von Breslau
Datum:	Dezember 2005
Strecke:	31 Sauen, 2 Füchse
Anzahl Schützen:	12
Schussverhältnis:	1 : 2,7
Vermittler:	Westfalia Jagdreisen

©virgonira/stock.adobe.com

KUTSCHENJAGD

Manchmal können auch weniger rationale Gründe bei der Auswahl eines geeignet erscheinenden Reiseziels ausschlaggebend sein. Dann spielen Preislisten, Streckenerwartungen, Reputation des Reviers, Qualität der Unterkünfte oder gelebte Jagdtraditionen nur noch eine untergeordnete Rolle. So standen die Vorbereitungen auf unsere Drückjagdreise im November 2006 unter einer ganz besonderen Prämisse. Klaus hegte schon lange den romantisch verklärten Wunsch, einmal die Jagd von der Pferdekutsche aus zu erleben. Diese Form der Jagd wird allerdings vor allem mit der Pirsch und nicht mit Drückjagden in Verbindung gebracht. Bei der Pirsch mit der Kutsche nutzt der Jäger die Besonderheit, dass die Aufmerksamkeit des Wildes vor allem der langsam durch das Revier fahrenden Kutsche gilt. So kann er unbeachtet absteigen, um einen sicheren Schuss auf das gen Kutsche sichernde Wild abzugeben. Zudem kann mit der Kutsche oder mit dem Schlitten im Winter eine viel größere Fläche bejagt werden, als dies bei der Pirsch zu Fuß der Fall wäre. Aber auf einer Drückjagd? Hier blieb doch nur das Anstellen der Schützen von der Kutsche aus. Nun gut, sicherlich wird das ein oder andere Mal das recht aufmerksame Rotwild von den mit Fahrzeugen in den Wald rückenden Jägern zu früh beunruhigt und verlässt noch vor Beginn der Jagd das Treiben. Aber ob da die Kutsche ein echter Vorteil sein würde? Zumindest hat die Überzeugungskraft unseres Reisevermittlers auf der Messe „Jagd & Hund“ in Dortmund ausgereicht, um Klaus zu fesseln.

Auf der alljährlich Ende Januar stattfindenden größten Jagdmesse Europas füllen die Jagdreisevermittler inzwischen mehr als eine ganze Ausstellungshalle. In aller Herren Länder bieten sie den Besuchern Jagdmöglichkeiten an. Das ist nicht jedermanns Sache und handelt der Messe auch einiges an Kritik ein. Jagd auf Tiere, deren Namen man noch nicht einmal kennt, die in anderen Gegenden als selten oder gar ausgestorben gelten oder die uns in Zoos längst ans Herz gewachsen sind. Da fällt es manchmal schwer, pro Jagd zu argumentieren. Aber auch in fernen Ländern wird meist auf Basis des Nachhaltigkeitsprinzips gejagt. Oft wird aus den Erlösen des Jagdtourismus sogar praktischer und notwendiger Natur- und Wildschutz finanziert. Wird unter diesen Voraussetzungen gejagt, sind derartige Angebote durchaus legitim und auch sinnvoll. Neben diesen Exoten findet man natürlich auch zahlreiche Reisevermittler für Drückjagden auf Schwarz- und Rotwild in europäischen Gefilden. Große und kleine, namhafte und unbekannte, staatliche und private, teure und günstigere, das ganze Spektrum ist vertreten. Man muss sich schon etwas Zeit nehmen, um die Jagd herauszufiltern, die man sich vorstellt. Aber hierfür ist die „Jagd & Hund" genau der richtige Ort, zumal man im Gespräch mit den Verantwortlichen dann doch meist mehr erfährt als aus den bunt bebilderten Katalogen oder auf den lobpreisenden Webseiten.

Klaus, Manni und Wolfgang waren hier meist unsere Vorhut. Sie löcherten die Veranstalter, versuchten die Strecken der vergangenen Jahre zu erfahren, veranlassten Angebote und verhandelten Preise. Im Januar 2006 ließ ein bestimmtes Foto die drei an einem Messestand verhoffen. Die Kutsche mit einer Gruppe Jäger in urwüchsiger Landschaft ließ das Jagdfieber in Klaus aufkommen, und umgehend stieg man in erste Gespräche ein. Das Bild stammte aus Kroatien, und fortan wurde alles in Bewegung gesetzt, um dort eine passende Drückjagd zu organisieren. Das sollte nicht so einfach sein, denn Kroatien ist nicht gerade das klassische Drückjagdland. Der Balkanstaat ist eher für seine Jagd auf starke Muffelwidder bekannt. Das ursprünglich von den Inseln Korsika und Sardinien stammende Muffelwild wurde hier erst vor wenigen Jahrzehnten ausgesetzt. Da sich die Lebensräume mit ihren vegetationsarmen, verkarsteten Kalksteingebirgen aber sehr ähneln, haben sich gut bejagbare Populationen mit starken Trophäenträgern entwickelt. Insbesondere die Reviere an der Adriaküste und auf den vorgelagerten Inseln bieten atemberaubende Kulissen

Muffelwidder (Foto: ©Photohunter/stock.adobe.com)

für diese meist beschwerliche Pirschjagd. Fernab der Küste, östlich von Zagreb im Länderdreieck Kroatien, Serbien und Ungarn, gibt es allerdings auch Reviere mit guten Schwarz- und Rotwildvorkommen.

Karl der Große (Foto: ©Stefan/stock.adobe.com)

Die Organisation einer viertägigen Drückjagd und darüber hinaus auch noch die Berücksichtigung von Klaus' exklusivem Wunsch nach einer Kutschenjagd bedeuteten für den kroatischen Vermittler jedoch eine echte Aufgabe. Das Angebot hatte dann auch den ein oder anderen Haken. War eine der Besonderheiten, dass wir nach zwei Jagdtagen Revier und Unterkunft wechseln sollten, für mich noch verkraftbar, so hatte ich mit der zweiten Bedingung ein wirklich fundamentales Problem. Klaus wusste dies und hielt diese Info mir gegenüber lange zurück. Zwei Jagdtage, davon einer mit seiner ersehnten Kutschenjagd, konnten nur in einem Jagdgatter durchgeführt werden. Das war ein echter Wirkungstreffer, als Klaus dieses Reisedetail bei einem gemeinsamen Treffen vorstellte. Mir kamen sogleich János, der ungarische Oberjäger aus Karapancsa, und sein Vorgesetzter bei der Gemenc AG in den Sinn. Wild einfangen, züchten und mästen, um es dann in einem eingezäunten Gebiet ohne wirkliche Fluchtmöglichkeit zum Abschuss freizugeben, das hatte mit Jagd in meinen Augen nichts zu tun. Hier wurde mein jagdethisches Grundempfinden auf eine wirklich harte Probe gestellt.

Die Jagd im Gatter hat allerdings eine lange Tradition und reicht bis zu den ersten Jagdgattern Karl des Großen im 8. Jahrhundert zurück. Selbst der sich im Mittelalter entwickelnde Begriff der Hege (im Mittelhochdeutschen bedeutet „hegen" so viel wie „mit einem Hag umgeben", also umzäunen) weist auf die Haltung eines Wildbestandes in einem eingezäunten und somit kontrollierbaren Jagdrevier hin. Die Jagd, insbesondere auf Hochwild, war lange vornehmlich dem Adel vorbehalten. Das Wild wurde in Gattern zum Objekt der Jagdlust degradiert und diente bei opulenten Jagdveranstaltungen vornehmlich der Befriedigung dieses Triebes. Erst im 20. Jahrhundert wurde der Begriff der Hege mit neuem Leben erfüllt und mit wachsendem ökologischem Bewusstsein in den letzten Jahrzehnten zu dem entwickelt, was Hege heute für jeden Jäger bedeuten sollte. Dennoch gibt es auch heute noch in vielen Ländern Europas bewirtschaftete Jagdgatter. In Österreich findet man beispielsweise noch etwa 70 Gatter in unterschiedlichen Größen von bis zu 1.200 ha. Trotz aller Widerstände ist die Gatterjagd dort zumindest noch bis zum Jahre 2029 erlaubt. Auch in Deutschland ist die Gatterjagd gemäß Bundesjagdgesetz geregelt. § 20 BJagdG verweist die Regelung der Jagd in National- und Wildparken an die Länder, und § 28 BJagdG erlaubt die Hege und somit auch die Jagd von Schwarzwild in Einfriedungen, die ein Ausbrechen des Wildes verhüten. Die Neuanlage von Jagdgattern wird zwar nicht mehr genehmigt, aber die bestehenden Einrichtungen haben meist einen dauerhaften Bestandsschutz. So auch der berühmte Saupark Springe bei Hannover. Zu Beginn des 19. Jahrhunderts wurden hier die Reviere Springe und Altenhagen zur Verhinderung von Wildschäden auf den angrenzenden Ackerflächen auf einer Fläche von 1.600 ha mit einer 16,3 km langen und 2,5 m hohen Mauer umgeben. Das heute noch 1.250 ha große Gatter beherbergt etwa 500 Stück Schwarzwild, 120 Stück Damwild und 25 Stück Muffelwild. Seit 2013 finden dort zwar keine hochherrschaftlichen Staatsjagden mehr statt, aber die Gatterjagd wird weiterhin von der Landesforstverwaltung unter der Ägide des Landwirtschaftsministeriums Niedersachsens gegen Bezahlung vermarktet und durchgeführt.

Es komme doch auf die Größe des Gatters an und wie hoch bzw. wie natürlich die Wilddichte sei. Auch die Bewirtschaftungsart spiele doch eine wichtige Rolle. Zudem seien es ja auch nur zwei Jagdtage. Und letztlich komme es doch auf einen Versuch an, und bei Missfallen könne ich mich ja immer noch jagdlich zurückhalten. All das musste ich mir anhören. Mir schien es so, als wollte sich die Gruppe die Sache schönreden. Ich hatte so viele Argumente dagegen. Überhöhte Wildbestände, ganzjährige Fütterung, keine sinnvolle Naturnutzung oder notwendige Bestandsreduzierung, genetische Verarmung, unnatürlich hohe Strecken, künstlich erzeugte Rekordtrophäen und, und, und.

Mir fiel die Entscheidung äußerst schwer. Der Wunsch nach dem gemeinsamen Jagen mit meinen Freunden gab dann aber schließlich den Ausschlag. Und so ließ ich mich schweren Herzens, wenn auch gespannt, auf das Wagnis ein und beschloss, mir selbst ein Bild von einer kroatischen Gatterjagd mit Kutsche zu machen.

Von Zagreb aus machten wir uns auf den Weg nach Slawonien. Vorbei an den Armenvierteln entlang der Autobahn, steuerten wir die kroatische Grenzregion zu Ungarn und Serbien an. In der Gespanschaft Osijek lag mit der Region Baranja das wohl bekannteste Rotwildrevier Kroatiens. Das etwa 25.000 ha große Jagdgebiet zählte zu den Leibrevieren des kommunistischen Diktators Tito und war bekannt für reife Keiler, kapitale Hirsche und gute Schwarzwilddrückjagden. Untergebracht waren wir in einer neueren, überschaubaren Pension inmitten einer Kleinstadt. Das Haus strahlte in keiner Weise eine jagdliche Atmosphäre aus, bot aber die von der Gruppe gewünschte Ausstattung. Zumindest dem Anschein nach, wenn man das nach einiger Zeit des Duschens rotbraun aus dem Duschkopf fließende Wasser außer Acht ließ. Für mich kein besonders verheißungsvoller Beginn unserer Jagdreise, und dies sollte sich zunächst auch so fortsetzen.

Der erste Jagdtag stand an, mein erster Jagdtag in einem Gatter und Klaus' ersehnter Jagdtag mit der Kutsche. Die Zufahrt zum Jagdgatter war unverkennbar.

Anstellen mit der Kutsche

Unser Kleinbus polterte laut beim Überqueren des Wildgitterrostes in der Einfahrt, und zu beiden Seiten erstreckte sich ein im Boden eingelassener und unten verstärkter etwa 3 m hoher Maschendrahtzaun. Der Treffpunkt mit dem Jagdleiter befand sich unmittelbar in der Nähe der Zufahrt und des Zaunes. Die Kutsche mit den beiden fein aufgezäumten Rappen stand bereit, und die Pferde warteten bereits ungeduldig auf ihren Einsatz. Klaus' Augen funkelten. Nach den üblichen Drückjagdeinweisungen bestiegen wir das Gefährt und ließen uns von den trabenden Rappen zum ersten Treiben fahren.

Das Gatter entpuppte sich als nur wenige Hundert Hektar groß. Überall hatte man das Gefühl, mehr oder weniger direkt am Zaun zu stehen. Die Stände wurden meist auf hohen Drückjagdböcken eingenommen, die in gerader Linie in einem Abstand von jeweils etwa 100 m auf mit Gras bewachsenen Waldschneisen angeordnet waren. Die Schneisen boten mit einer Breite von gut 20 m den Schützen ein mehr als üppiges und völlig freies Schussfeld. Ich flüsterte leise vor mich hin, dass bei mir nur ja kein Wild kommen möge. Abgesehen von einem einzelnen Überläufer wurden meine Bitten erhört. Dieser wechselte trotz Treiberrufen und Hundegeläut völlig vertraut auf die breite Grasschneise, machte kurz Anzeichen, ins Gebräch gehen zu wollen, und trollte dann langsam aus dem Treiben. Ich ließ ihn ziehen, ohne auch nur einmal kurz meinen Repetierer in Position gebracht zu haben. Die ein oder andere Sau war zur Strecke gekommen, aber dennoch machte sich bei den meisten große Ernüchterung breit. Nicht nur mir, sondern auch dem Rest der Truppe

Das natürliche Verhalten ändert sich! (Foto: ©eAlisa/stock.adobe.com)

war das unnatürliche Verhalten des Wildes aufgefallen. Das hatten sich die meisten anders vorgestellt, und meine Befürchtungen wurden in Gänze bestätigt. Selbst Klaus hatte inzwischen genug von der Kutschenjagd. Jetzt konnten wir nur hoffen, dass nicht auch noch der zweite Tag im Gatter und somit die Hälfte unsere Reise ein Reinfall werden würde.

Aber Gatter ist nicht Gatter! (Foto: ©wrzesientomek/stock.adobe.com)

Die Jagd im zweiten Gatter präsentierte sich tatsächlich völlig anders. Das eingezäunte Gebiet nahm wenigstens eine Fläche von 1.000 ha ein, der Zaun war eigentlich nie zu sehen, und das Wild verhielt sich völlig natürlich. Hätten wir es nicht gewusst, wäre es keinem aufgefallen. Es war sicherlich zu erwarten, dass flächenabhängige Unterschiede spürbar würden, aber in dem Maße hätte ich dies nicht für möglich gehalten. Auch ich beteiligte mich an der Jagd und schoss an diesem Tag zwei Sauen, einen Überläuferkeiler und einen Frischling, in offensichtlich normalen Treiben, von augenscheinlich normalen Ständen. Was mir allerdings nahezu vollkommen fehlte, war die Leidenschaft, die Passion, mit der ich sonst zur Jagd ging. Es fehlte genau das, was für mich die Berufung zum Jägerdasein ausmachte: das Ungewisse, die Spannung, ob man eine Chance erhalten würde oder nicht, die Akzeptanz dessen und der Einklang mit dem, was man sich erarbeitet und was das Schicksal einem zuteilt.

Natürlich gehe ich zur Jagd, um Beute zu machen, aber nie mit dem Anspruch, einen Erfolg zugesichert zu bekommen. Genau diesen sicheren Erfolg bietet jedoch die Jagd in einem Gatter. Wer sich nicht ganz dumm anstellt und sein Gewehr auch nur ein wenig beherrscht, wird mit großer Sicherheit zum Erfolg geführt. Auch wenn in größeren Gattern die Jagd kaum von der in freier Wildbahn zu unterscheiden ist, so fehlt es mir an der inneren Einstellung und auch Bereitschaft, völlig ausblenden zu können, dass man innerhalb eines Zaunes jagt.

Sehnsüchtig erwarteten wir nun die beiden Jagdtage in freier Wildbahn. Wir wechselten die Gegend, das Revier und die Unterkunft. Das „Goldene Tal" von Požega war nun unser Ziel. Der 175 km östlich der Hauptstadt inmitten der westslawonischen Gebirgslandschaft gelegene Talkessel war schon zu Zeiten der Römer für seine Fruchtbarkeit bekannt und hatte deshalb diesen verheißungsvollen Namen erhalten. Schon am Abend vor der Jagd wurden wir vom Leiter des Jagdvereins herzlich begrüßt und auf die kommenden beiden Tage eingestimmt. Die Treiben seien zum Teil sehr groß, und man wolle weiträumig abstellen, vorwiegend an den Wechseln. Aus den bisher von uns bereisten Ländern waren wir eher kleinere, der Anzahl der Schützen angepasste Treiben gewohnt. Ob für die geplante Vorgehensweise also zwölf Schützen ausreichten? Entsprechende Zweifel kamen durchaus auf, aber alles erschien besser als die vergangenen beiden Tage.

Auf dem Weg ins Revier fielen uns in den Dörfern immer wieder Bauruinen und schon längst verlassene Häuser auf. Wir fragten nach und erhielten die Antwort, dass dies die Häuser der im Krieg vertriebenen Serben seien. Wir hatten es bisher verdrängt, aber in diesem nur drei Flugstunden von Deutschland entfernten Land herrschte noch vor gut zehn Jahren ein erbitterter Bürgerkrieg.

Kroatien hatte sich 1991 in einem Referendum von der Sozialistischen Föderativen Republik Jugoslawien losgesagt und strebte seine Unabhängigkeit an. Doch

Herbstwald (Foto: ©Smileus/stock.adobe.com)

die im Land lebenden Serben boykottierten diesen Volksentscheid, da sie fürchteten, fortan als Minderheit unterdrückt zu werden. Unterstützt von Serbien, kämpften sie für ihre Eigenständigkeit und einen Verbleib in der Republik Jugoslawien. Ethnische Säuberungen, Völkermord und Massenflucht, aber auch die Untätigkeit der internationalen Staatengemeinschaft, das Morden auf dem Balkan zu beenden, prägten diesen furchtbaren Krieg, und die Wunden waren noch lange nicht verheilt. Allein 80.000 Serben verließen damals ihre Häuser und flüchteten aus Kroatien in das benachbarte Serbien oder nach Montenegro. Wir schauten nun aufmerksamer hin und entdeckten an vielen Stellen in der Landschaft Warnschilder mit einem weißen Totenkopf auf rotem Grund. Die Schilder machten auf noch nicht geräumte Minenfelder aufmerksam und verstärkten unser unwohles Gefühl zusehends. In den umkämpften Gebieten, und dazu zählte auch das Goldene Tal von Požega, liegen heute noch geschätzt ungefähr 50.000 Landminen, die eine Gesamtfläche von 500 km² unbewohnbar machen. Uns fiel es sichtlich schwer, mit diesem ernsten Thema entsprechend umzugehen.

Aufstieg geschafft!

Wetter und Landschaft präsentierten sich von ihrer prächtigsten Seite. Bei strahlendem Sonnenschein schimmerte der Wald in herbstlichen Rottönen. Die Temperaturen waren jedoch gewöhnungsbedürftig und machten uns arg zu schaffen. Altweibersommer Anfang November mit Temperaturen um die 18 °C ließen jeden Aufstieg im hügeligen Gelände zur Tortur werden. Der ein oder andere musste die Segel streichen, wurde vom Besenwagen eingesammelt und erhielt Stände außerhalb unseres bewährten Standkartensystems.

Wie befürchtet, hatten die großen Treiben ihre Tücken. Viel zu oft verließ das Wild das abgestellte Gebiet, ohne uns vor die Läufe zu kommen. Im teilweise recht unwegsamen Gelände mussten manche Treiben in Gänze zu Fuß angegangen werden. Dann folgten wir Jäger dem Ansteller und bemühten uns, mit ihm Schritt zu halten. Ich hielt mich meist etwas zurück und ordnete mich weiter hinten ein. Zum ei-

Rustikales Spanferkel (Foto: ©Anja/stock.adobe.com)

nen wollte ich den etwas Langsameren in unserer Gruppe nicht das Gefühl geben, dass sie den Jagdbetrieb aufhielten und uns zur Last fielen, zum anderen ergaben sich vorn immer wieder Situationen, die ich lieber vermeiden wollte. Mehrfach hatte ich es erlebt, dass die Jagdleiter Wild in Anblick bekamen und den ersten Schützen in der Reihe aufforderten, diese unverhoffte Chance zu nutzen. Die Schussabgabe vor Einnahme des Standes wäre bei Drückjagden zu Hause undenkbar, wurde hier aber in dem Ansinnen, eine möglichst große Strecke zu machen, völlig ignoriert. Klaus traf es prompt, als wir entlang eines tiefen und steilen Einschnittes im Gänsemarsch über einen schlammigen Waldweg marschierten. Tief unten im Unterholz hatte sich eine einzelne starke Sau eingeschoben und war vom Ansteller entdeckt worden. Klaus tat, was der kroatische Jäger von ihm erwartete, und erlegte das Schwein. Kein besonderer Moment bei einer Drückjagd, aber dem Ansinnen der örtlichen Jäger gemäß ein Schwein mehr auf der Strecke. Dieser Zufallstreffer und etwas Jagdglück verhalfen uns an den beiden Jagdtagen in freier Wildbahn zu einer Strecke von sieben Sauen. Was für ein Unterschied zu den Zahlen der ersten beiden Tage, aber allemal schöner und vor allem ehrlicher erjagt.

Unsere kroatischen Gastgeber waren zufrieden und hatten am letzten Jagdtag noch eine besondere Überraschung für uns parat. Die offene Jagdhütte lag urig mitten im Wald, und der Duft von frisch Gegrilltem lag in der Luft. Seit Stunden schon musste sich der Spieß des Spanferkels über dem offenen Holzfeuer gedreht haben, weshalb sich uns der Frischling bei unserem Eintreffen in verlockend knuspriger, glänzender Schwarte präsentierte. Der deftige und zünftige Gaumenschmaus wird ansonsten nur zu besonderen Anlässen wie Weihnachten, Silvester oder bei größeren Dorffesten angeboten und gemeinsam verzehrt. Jetzt wurde uns diese Ehre zuteil. Es war ein köstlicher Gaumenschmaus, zu dem wir gemeinsam mit unseren Gastgebern Bier und Schnaps tranken, und beinahe hätten wir darüber die unsägliche Gatterjagd vergessen.

Jagd:	Drückjagd auf Schwarzwild
Ort:	Slawonien, Kroatien
Revier:	2 Privatreviere Osijek-Baranja (Gatterjagd)
	Gemeinschaftsreviere Požega (freie Wildbahn)
Datum:	November 2006
Strecke:	39 Sauen, 1 Fuchs (Gatterjagd)
	7 Sauen (freie Wildbahn)
Anzahl Schützen:	11
Schussverhältnis:	1 : 2,8
Vermittler:	Marina Tours, Gregor Žic

©Jerry Sodorff/stock.adobe.com

Revolver

Bulgarien sollte eigentlich schon im Jahre 2007 das Ziel unserer jährlichen Drückjagdreise werden. Doch unser bulgarischer Jagdreisevermittler musste uns auf das Folgejahr vertrösten. Alle alteingesessenen Jagdgruppen hatten sich entschieden, das Revier erneut zu buchen, und hatten demnach Vorrang gegenüber uns Neulingen. Vielleicht hatten wir es aber auch verpasst, unser Interesse an dieser Reise nach Bulgarien rechtzeitig zu fixieren. Manche in unserer Gruppe hielten eine frühzeitige Buchung für unerlässlich, seien doch die guten Reviere nach der Messe „Jagd & Hund" in Dortmund meistens schnell vergeben. Klaus sah dies viel entspannter und hielt sich meist bis in den Sommer hinein alle Optionen offen. Damit waren wir in der Regel bisher auch ganz gut gefahren, aber das Revier Bukovetz war offensichtlich derart begehrt, dass seine Taktik dieses Mal fehlschlug. Ungewöhnlicherweise wurden wir sogar bereits ein Jahr vor Antritt der Reise verpflichtet, eine erste Anzahlung zu tätigen, um das Revier für uns zu sichern. Das hatte es noch nie gegeben, und folglich waren die Erwartungen groß, als wir Ende November 2008 in Köln den Flieger Richtung Sofia bestiegen.

Nach knapp drei Stunden Flugzeit erreichten wir unser erstes Etappenziel. Unsere Vermittler, Vater Stoyan und Sohn Christian Trifonov, begrüßten uns freudig und regelten offenbar mühelos und routiniert die lästigen Formalitäten der Einreise mit Waffen und Munition. Alle angemeldeten Waffennummern stimmten mit denen in unseren Europäischen Feuerwaffenpässen überein, und alle Unterlagen hatten eine ausreichend lange Gültigkeit. Dies kontrollierte Klaus meist schon lange vor der Abreise und bewahrte uns über die Jahre hinweg mehrfach vor Unannehmlichkeiten. Nicht selten mussten Reisepässe, Personalausweise oder der Europäische Feuerwaffenpass im Vorfeld und auch manchmal sogar noch auf den letzten Drücker per Eilantrag verlängert werden.

Wir verstauten unser Gepäck in zwei Kleinbussen und nahmen die nächste Etappe unserer Reise in Angriff. Das Revier Bukovetz lag etwa auf halber Strecke zwischen Sofia und Varna. Die vor uns liegenden 240 km konnten wir vorwiegend über gut ausgebaute Autobahnen zurücklegen, und die veranschlagten dreieinhalb Stunden Fahrzeit entpuppten sich als realistisches Vorhaben.

Von Sofia aus überquerten wir das Balkangebirge, um uns dann an dessen Nordrand nach Osten zu bewegen. Stara Planina (altes Gebirge) wird es im Volksmund genannt, und es besitzt in westöstlicher Richtung eine Ausdehnung von ungefähr

600 km quer durch ganz Bulgarien bis hin zum Schwarzen Meer. Hinter Tarnowo bogen wir in südlicher Richtung ab und steuerten die Kleinstadt Elena an. In der Abenddämmerung erhaschten wir noch den ein oder anderen Blick auf dieses sehenswerte Kleinod. Die Stadt mit dem geschichtsträchtigen Namen war Ende des 19. Jahrhunderts einer der Schlüsselorte während der nationalen Befreiungskämpfe im Russisch-Osmanischen Krieg und verkörpert den Geist der nationalen bulgarischen Wiedergeburt. Bis heute hat Elena in großen Teilen ihr wundervolles Aussehen aus dieser Zeit erhalten, und große Teile der Stadt stehen heute unter Denkmalschutz.

Jetzt konnte es nicht mehr weit sein. Am südlichen Ende des Yovkovtzi Stausees erreichten wir endlich unser Ziel. Das große Holztor in der hohen, weiß getünchten Steinmauer stand einladend offen.

Das Revier Bukovetz befindet sich seit 2003 in privatem Besitz. Das ehemals den Politgrößen vorbehaltene Revier an den nördlichen Hängen des Balkangebirges umfasst eine Gesamtfläche von 29.000 ha und schließt große Teile eines der ältesten Wildschutzgebiete Bulgariens ein. Die Höhenlage schwankt zwischen 300 und 1.300 m über NN. Im milden, gemäßigt kontinentalen Klima gedeihen in warmen Sommern und schneereichen Wintern vorwiegend Laubwälder, die insbesondere durch die Buche geprägt werden. Der Eigentümer, einer der größten Gurken- und Paprikaanbauer Bulgariens, hatte es sich zum Ziel gesetzt, in Bukovetz eines der besten Jagdreviere Europas zu etablieren. Dies sollten wir nicht nur auf der Jagd in den kommenden vier Tagen, sondern auch schon bei unserer Ankunft erleben.

Anwesen im Balkangebirge

Eine Unterkunft auf einer Jagdreise mit vier oder gar fünf Sternen bedeutet nicht immer das, was man sich vorstellt oder erhofft. Aber in Bukovetz wurden alle unsere Erwartungen übertroffen. Herzlich wurden wir vor dem Haupthaus empfangen. Der landestypischen Tradition entsprechend wurde gemeinsam mit den Gästen das Brot gebrochen, in Akazienhonig getränkt und mit Wodka heruntergespült. Eine kapitale Hirschtrophäe über der Tür wies uns den Weg zu unseren Zimmern im Erdgeschoss. Die Einzelzimmer waren durchweg mit viel Liebe zum Detail eingerichtet. Massive Holzmöbel, ein runder Fuchsteppich mit nach außen drapierten Lunten vor dem wärmenden Kamin, an den Wänden historische Jagdwaffen, stattliche Trophäen und gut gemachte Trägerpräparate. Alle Zimmer verfügten über ein eigenes Bad und alle notwendigen technischen Einrichtungen. Urgemütlich und beileibe ein Quantensprung zu den kargen Unterkünften, die ich im Laufe der Jahre schon auf Jagdreisen bewohnt hatte.

Es blieb vor dem Abendessen noch etwas Zeit, um den Gebäudekomplex genauer zu erkunden.

Gemütliche Abende

Hinter dem quer angeordneten, recht breiten Haupthaus erstreckte sich ein Garten mit Außenpool und mehreren Nebengebäuden. Das größte beherbergte den Spa-Bereich mit einigen Saunen, Dampfbädern und einem großen Whirlpool. Alles in Massivholz gehalten und einladend, nach einer anstrengenden Jagd ausgiebig zu entspannen. In einem weiteren Nebengebäude war die Lounge untergebracht, die offen in eine gut ausgestattete, rustikale Bar überging. Den Lounge-Bereich mit seinen schweren Ledermöbeln zierten neben den vielen Trophäen und Waffen an den Wänden auch zahlreiche Ganzkörperpräparate: dominant der aufgerichtete Braunbär, beinahe zierlich ein Rehbock mit Schmalreh, kapital ein Damhirsch und ein Muffelwidder, lebensecht ein Keiler und ein wenig deplatziert zwei Gämsen auf felsigem Untergrund. Der große, offene Steinkamin wurde von einer kapitalen Wisenttrophäe beherrscht. Das hatten wir selbst in Weißrussland nicht gesehen.

Und natürlich durfte auch der schwere Pool-Billardtisch vor der Bar nicht fehlen, um das Ambiente stimmig und nahezu perfekt wirken zu lassen. Ich sah uns schon lange und feuchtfröhliche Abende an diesem Ort verbringen.

Die Restauration für die kälteren Jahreszeiten befand sich im Obergeschoss des Haupthauses und konnte über eine außen liegende Holztreppe erreicht werden. Schade, dass wir die offene Terrasse vor dem Eingang zum Speiseraum in dieser kalten Jahreszeit nicht nutzen konnten. Von dort hatte man einen beeindruckenden Ausblick über das gesamte Anwesen, und es musste herrlich sein, hier einen erfolgreichen Jagdtag ausklingen zu lassen. Das Gelände vor dem Haupthaus war bei

Rustikale Grillhütte

unserer Ankunft in Dunkelheit gehüllt, offenbarte uns aber am nächsten Morgen einen atemberaubenden Blick. Direkt vor dem Haupthaus lag ein großer Reitplatz mit Sandboden und einigen Sprunghindernissen. Die dazugehörigen Stallungen waren seitlich angeordnet. Hinter dem Reitplatz folgte eine weitläufige Pferdekoppel und im Anschluss ein tief in das wilde Balkangebirge auslaufendes bewaldetes Tal. Das kleine Nebengebäude seitlich des Haupthauses am Ufer eines Zuflusses zum Stausee hatte ich am Vorabend noch als dunkle Raucherecke genutzt. Im Hellen entpuppte es sich als großzügige, rustikale Grillhütte. Hier wurde sicherlich bei wärmeren Temperaturen auf dem offenen Feuer gekocht und an einem langen Holztisch mit Holzbänken und einem schweren Kronleuchter aus Abwurfstangen gemeinsam gegessen und gefeiert. Auch der bronzene Keiler in Lebensgröße auf der gepflegten Rasenfläche vor dem Grillbereich war mir im Dunkeln gar nicht aufgefallen. Alles war stimmig, stilvoll und bis ins Detail aufwendig angelegt, und somit war dies der ideale Ausgangspunkt für unsere Jagd in den kommenden vier

Tagen. Wir waren uns einig, mit Ausnahme des Jagdschlosses im ungarischen Karapancsa hatten wir während einer Jagdreise noch nie so perfekt logiert wie hier in Bukovetz.

Stoyan übersetzte für uns die morgendliche Begrüßung des bulgarischen Jagdleiters und seine Vorgaben für die anstehende Jagd. Klaus und Heinz bliesen auf ihren Hörnern „Sammeln der Jäger", „Begrüßung" und schließlich „Aufbruch zur Jagd". Wir konnten es kaum erwarten. Zwei Revierteile waren für unsere viertägige Drückjagd vorgesehen. Beide lagen nördlich von Elena, sodass wir täglich diese wunderschöne Stadt durchquerten und immer wieder neue Eindrücke erhaschen konnten. Der Transport erfolgte zunächst in Kleinbussen, die uns ins Revier brachten. Gemäß den zugelosten und von Treiben zu Treiben wechselnden Standnummern sattelten wir vor Ort in geländegängigeres Gefährt um. Hierfür standen uns nicht nur Jeeps mit Allradantrieb, sondern auch raupenbetriebene Militärfahrzeuge zur Verfügung. Schon nach dem ersten Treiben wurde klar, dass diese unabdingbar waren. Das Gelände wies teilweise sehr steile Abschnitte auf, die bei Temperaturen um den Gefrierpunkt und dem äußerst tonigen Boden kaum zu begehen waren. Den Raupenfahrzeugen der Marke Bandvagn schienen die Bedingungen aber offensichtlich richtig Spaß zu bereiten. Sie machten zwar einen sehr martialischen Eindruck, aber wir waren froh, sie für unsere Zwecke nutzen zu können.

Bandvagn 206 mit Kettenantrieb

Der schwedische Bandvagn 206 (kurz Bv206) ist ein schwimmfähiges, militärisches Mehrzweckfahrzeug mit Kettenantrieb. Es wurde für unwegsames und gebirgiges Gelände mit schwierigen, moorigen, aber auch vereisten Böden entwickelt. Es besteht aus einem Vorder- und einem Hinterwagen. Beide Wagen sind mit Kettenlaufwerken ausgerüstet und über eine hydraulische Knicklenkung miteinander verbunden. Das Lenken dieses Gefährts erfolgt nicht wie bei anderen Raupenfahrzeugen über unterschiedliche Geschwindigkeiten der Ketten, sondern über die Stellung bzw. über das Verschränken der beiden Wagen zueinander, ähnlich der Lenkung eines Radladers. Folglich ist der hintere Wagen auch kein Anhänger, sondern notwendiger Bestandteil, um das Gesamtpaket fahr- und lenkbar zu machen. Mit Raum für sechs Personen im Vorderwagen und elf Personen im Hinterwagen erweist sich der Bv206 ideal für den Transport kleinerer Gruppen und somit auch für den Einsatz im Rahmen einer Drückjagd, bei der möglichst zügig mehrere Schützen an ihre Stände gebracht werden müssen.

Die Jagd begann, und bereits im ersten Treiben beeindruckte das Revier durch seinen Wildreichtum. Die gut aufgestellte Treiberwehr arbeitete gut eingespielt mit einer recht großen Anzahl kurzläufiger Hunde. Vorwiegend Bracken und Terrier brachten uns mehrere Rotten und einige einzelne, stärkere Sauen vor die Läufe. Die meisten Stände waren gut gewählt, und so konnten an den ausgetretenen Wechseln die ersten Sauen erlegt werden.

Wolfgang und Ludwig, der im Vorjahr neu zu unserer Gruppe gestoßen war, streckten am Morgen gleich zwei kapitale Keiler. Beide brachten jeweils nicht viel weniger als 150 kg auf die Waage und ließen enorme Waffen vermuten. Ludwigs Basse bestätigte mit 21,0 cm unsere Vermutung, Wolfgangs Keiler dagegen war mit 18,6 cm doch etwas jünger als gedacht. Stolz berichtete man uns, dass in Bukovetz jedes Jahr etwa 30 Keiler in der Medaillenklasse erlegt würden. Da wir uns in diesem Jahr für eine Einzelabrechnung nach Preisliste entschieden hatten, war also etwas Vorsicht geboten, da Keiler ab 20 cm Waffenlänge doch schon richtig ins Geld gingen. Solange sich also die Möglichkeit bot, jagten wir auf Frischlinge und Überläufer. Dennoch kamen in den kommenden Tagen weitere grobe, hauende und sogar das ein oder andere Hauptschwein zur Strecke. Schließlich waren wir zum Jagen hier, und wann bekommt man schon mal die Möglichkeit, solch starken Sauen nachzustellen.

Mittagspause im Revier

Ein Schuss in unmittelbarer Nähe, und wenige Minuten später stürmte eine kleinere Rotte den Hang hinunter direkt auf meinen Stand zu. „Kommen lassen, ruhig kommen lassen", ging es mir durch den Kopf. Die Bache zog vorweg, der ein oder andere Überläufer und eine Handvoll Frischlinge folgten. Die Rotte machte jedoch auf gut 60 Gänge eine Wendung und wollte sich hangparallel davonstehlen.

Der tief zerklüftete Graben zwischen mir und den Sauen war wohl doch eine natürliche Barriere, die ungern angenommen wurde. Jetzt oder nie, der erste Schuss brach und verfehlte sein Ziel. Verdammt! Schnell durchrepetiert, und der erste Frischling ging über Kopf. Ein kurzes Glücksgefühl, und schon war die Waffe wieder angebackt. Beim dritten Schuss war die Rotte sicherlich schon gut 80 m entfernt. Ein Frischling quittierte die Kugel kaum sichtbar und setzte seine Flucht unvermindert fort.

Gastfreundschaft

Da er sich von der Rotte absetzte, war zu vermuten, dass er einen nicht tödlichen Treffer hatte. Mir fiel es zunehmend schwer, den kranken Frischling noch einmal frei zu bekommen. Jede Lücke versuchte ich zu nutzen. Die ersten beiden Schüsse verfehlten ihr Ziel. Inzwischen hatte ich an einem Baum angestrichen und bemühte mich, auf bestimmt 150 m meinen letzten Versuch ins Ziel zu bringen. Etwas überrascht war ich schon, dass der Schuss glückte, aber auch heilfroh, keine Nachsuche verursacht zu haben.

Das Treiben nahm mit An- und Abrücken sowie Bergen des Wildes fast drei Stunden in Anspruch. Wie angekündigt, schien sich also die Anzahl der Treiben auf zwei am Tag zu beschränken, eines vor und ein weiteres nach der mittäglichen Pause. Eigentlich wäre eine kurze Rast mit einer kleinen Stärkung ausreichend gewesen, aber natürlich mussten auch die Treiber und Hunde ihre wohlverdiente Ruhepause haben. So fanden wir uns in einer komfortablen Hütte mit großer Feuerstelle ein. Die im Sommer offenen Seiten waren in der kalten Jahreszeit mit dicken, durchsichtigen Kunststoffvorhängen geschlossen, sodass es im

Inneren eher zu warm als zu kalt war. Die Gastfreundschaft der Bulgaren war wie überall in Osteuropa beeindruckend. Allerdings war das Mittagessen mit drei Gängen so üppig, dass es kaum zu schaffen, geschweige denn gebührend zu genießen war. Die Treiber blieben vor der Tür und packten ihre Wurstbrote und heißen Tee aus. Mir war die Situation schon etwas peinlich, und lieber hätte ich gemeinsam mit den Treibern Stockwurst oder eine deftige Suppe gegessen.

Am kommenden Tag setzten wir die Jagd im zweiten Revierteil fort. Auch hier das gleiche Bild, in jedem Treiben müdeten insbesondere die Hunde Sauen auf. Manche Hänge waren derart steil und von Brombeeren zugewuchert, dass sich die Treiber darauf beschränkten, die Hunde von den Wegen aus anzuleiten und ihre Arbeit machen zu lassen. Wir jagten überaus erfolgreich, und schon am zweiten Tag lief keiner von uns mehr Gefahr, als Schneider nach Hause zu fahren. Zu den fünf Keilern vom ersten Jagdtag kamen vier weitere hinzu. Peter war Diana besonders hold. Er streckte mit 22,1 cm den stärksten Keiler unserer Reise. Dass er dabei seinen Stand verließ, um dem angeschweißten und flüchtenden Bassen einen Fangschuss zu geben, ging in der Freude über sein Jagdglück unter. Mit Willis Keiler und seinen 20,3 cm langen Waffen lagen nun schon drei Kapitale über der magischen 20-cm-Marke. So langsam kam der ein oder andere ans Rechnen und nahm sich insgeheim beim abendlichen Streckelegen ein wenig mehr Zurückhaltung vor.

Zum Abendessen gesellte sich der Geschäftsführer des Reviers Bukovetz zu unserer Gruppe. Auf Englisch wurden die üblichen Honneurs gemacht und kurze Small Talks über die bisherige Jagd gehalten. Der groß gewachsene, muskulöse Mann mit den kurz geschorenen Haaren nahm vor Kopf Platz und beherrschte mit seinem etwas zu lauten und bestimmenden Tonfall die Gespräche am Tisch. Mir war das Holster unter seiner speckigen Lederjacke zunächst gar nicht aufgefallen, aber Wodka und das lodernde Kaminfeuer veranlassten den Herrn des Hauses, sich seiner Jacke zu entledigen und die Sicht auf den Revolver an seiner linken Brustseite freizulegen. Mich überkam ein unwohles Gefühl. Was um Himmels willen veranlasst jemanden, bei einem Abendessen mit Gästen einen geladenen Revolver zu tragen? Selbst in der von Männern dominierten Gesellschaft Bulgariens konnte das nicht normal sein. Natürlich vermittelte er uns so seine Dominanz, aber war das wirklich notwendig? Francis Ford Coppola hätte die Szene nicht besser inszenieren können, und in meinem Kopf verfestigte sich das Bild vom Paten und seinen mafiösen Machenschaften.

Folgsam schauten wir uns auf der Leinwand neben dem Eingang ein Werbevideo über das Revier an. Denn Bukovetz bot nicht nur aussichtsreiche Drückjag-

Martialische Männerwelt (Foto: ©Анна Демидова/stock.adobe.com)

den auf Schwarzwild, sondern auch eine Vielzahl an anderen Jagdmöglichkeiten. Neben der Jagd auf den sommerlichen Rehbock und den herbstlichen Brunfthirsch konnte hier ganzjährig auch auf Muffelwidder gejagt werden. Ende der 1990er-Jahre erlaubte die oberste bulgarische Jagdbehörde das Aussetzen von Muffelwild ganz offiziell, und inzwischen hat sich ein beachtlicher Bestand entwickelt, so auch in Bukovetz. Neben der Jagd auf den Damhirsch konnte überraschenderweise auch auf Steinwild gejagt werden. Dies bedurfte dann schon einer kritischen Nachfrage und entlockte dem Chef das Eingeständnis, dass ein kleiner Teil des weitläufigen Reviers gegattert sei. Mir kamen Kroatien und seine unsäglichen Jagdgatter in den Sinn, und ich fragte mich, ob wir die Zäune bisher etwa übersehen hätten. Doch sofort betonte er, dass die Jagd auf Schwarzwild ausschließlich in freier Wildbahn stattfinde, und wir gaben uns damit zufrieden. Neben imposanten Trophäen und großen Strecken widmete sich der Film ellenlang der Möglichkeit, in Bukovetz mit dem Bogen zu jagen. Obwohl in Bulgarien erst ein Jahr später offiziell auf alles jagdbare Wild erlaubt, wurde dies hier offensichtlich schon länger praktiziert. Das lag uns nun wirklich fern, und auch wenn es seinen besonderen Reiz haben mag, sich bis auf wenige Meter an das Wild heranpirschen zu müssen, so war diese Form der Jagd nicht die unsrige. Vielleicht lag es an unserer Jagdkultur oder an der weidmännischen Jagdethik, der wir uns verpflichtet hatten, vielleicht war es aber auch nur das Unbekannte, vor dem wir uns sträubten. Ich weiß es nicht. Aber die Bogenjagd spaltet auch heute noch die europäische Landkarte. In vielen Ländern inzwischen erlaubt, ist sie in Deutschland, der Schweiz, Österreich, England, Irland, Island, Griechenland und Rumänien nach wie vor verboten.

Wolfgang hatte es schon zu seinem persönlichen Ritual werden lassen. Nach Einnahme seines Standes im ersten Treiben des Tages gab er sich einer ausgiebigen Morgentoilette hin. Auch ich hatte für alle Fälle immer genügend Taschentücher dabei, aber Wolfgang perfektionierte dieses menschliche Bedürfnis mit einem Paket Feuchttücher, das zur Standardausrüstung seines Rucksackes gehörte. Sein Stand lag unmittelbar an einem breiten Bach am Fuße eines steilen, nur im unteren Bereich einsehbaren Hanges. Erlöst von den morgendlichen Zwängen, richtete er sich wohlig auf seinem Sitzstock ein. Die Treiber schienen noch meilenweit entfernt zu sein. Kein Hundegeläut, kein Rufen, nur das Plätschern des Baches. Das Knacken eines Ästchens störte diese morgendliche Idylle und ließ ihn aufmerksamer werden. Zunächst erhaschte er nur einen dunklen Schatten im oberen Teil des Hanges. Dann kam der Keiler ganz in Anblick. Zwei Keiler hatte er bisher schon gestreckt, und nun ergab sich erneut eine Chance auf ein kapitales Hauptschwein. Beinahe gemütlich zog die Sau den Hang hinab. Wolfgang geriet ins Grübeln, während der Keiler vorsichtig in den Bach zog. Er nutzte die flacheren Uferbereiche als Suhle und wälzte sich genüsslich. Immer wieder stieß er seinen Wurf in den

Kapitaler Keiler

schlammigen Grund. Tief wühlte er sich in das morastige Wasser. Wenn er das Haupt hob und auf den Hinterkeulen saß, rann ihm das schwarzbraune Schlammgemisch vom Wurf aus über den ganzen Körper.

Keilerwaffen vermessen

Nach einigen Minuten beendete der Basse sein Bad und verließ den Bach in triefender, dunkler Patina wieder hangaufwärts. Ob Wolfgang mit Blick auf sein Portemonnaie oder aus Respekt vor der beinahe schon intimen Situation der morgendlichen Körperpflege von Sau und Jäger den Finger gerade ließ, war nicht abschließend zu ergründen. Ich vermute aber Letzteres, da er am letzten Jagdtag noch zwei weitere Keiler, einer davon mit 20,3 cm Waffenlänge, eine Bache, einen Überläufer und einen Frischling auf die Schwarte legen sollte und als Tour-Jagdkönig nach Hause fuhr.

Den dritten Jagdtag verbrachten wir plangemäß wieder im ersten Revierteil. Auch wenn unser Standkartensystem zu ständig wechselnden Standnummern und somit anderen Ständen führte, merkten wir schnell, dass die gleichen Flächen wie zwei Tage zuvor getrieben wurden. Am Wildreichtum und am Jagderfolg tat dies überraschenderweise kaum einen Abbruch. Das war schon ungewöhnlich, meidet Wild doch eigentlich Bereiche für eine gewisse Zeit, wenn es so massiv beunruhigt worden ist. Sicherlich hatten wir hier und da große und gut bestückte Fütterungen gesehen, aber konnten diese den natürlichen Instinkt des Wildes aushebeln? Auch der vierte Jagdtag im zweiten Revierteil verlief ähnlich. Wir fanden keine schlüssige Erklärung. Auch der mit 14 Keilern sehr hohe Anteil an der Gesamtstrecke von 50 Sauen gab Rätsel auf. Unsere bohrenden Fragen hatten Stoyan und Christian sicherlich genervt, aber auch den beiden Vermittlern ließ sich keine verständliche Begründung entlocken. Wir gaben uns damit zufrieden, hatten wir doch vier wirklich schöne und erfolgreiche Jagdtage in einem rundum perfekten Revier erlebt.

Wir blieben Bukovetz treu und fanden uns im Folgejahr wieder in Bulgarien zur Drückjagd ein. Wir jagten nach dem gleichen System, zwei Revierteile, die im Abstand von zwei Tagen wiederholt bejagt wurden. Etwas aufmerksamer als im Jahr davor beäugten und bewerteten wir hingegen die ein oder andere Situation. So fielen uns in der Nähe der großen Futterplätze hin und wieder Saufänge auf, die geeignet waren, Frischlinge und auch größere Sauen einzufangen. Auch auf der Jagd ereigneten sich für uns nicht immer ganz erklärbare Situationen. So wurde mir ein Stand auf einer etwa 10 m breiten Schneise auf einer Geländekuppe zugewiesen. Nach links fiel der Hang steil ab, und auch rechts der Schneise war der Wald für mich nicht einsehbar. Die Treiber formierten sich zu Beginn des Treibens offensichtlich links von mir am Hangfuß. Ich konnte das Knattern ihrer Fahrzeuge, das Zuschlagen der Wagentüren und ihre Gespräche deutlich vernehmen.

Das Treiben begann, und wenig später schon wurde es im Tal laut. Ich machte mich fertig, aber die einzeln anwechselnde Sau querte die Schneise auf gut 80 m, ohne dass ich sie vernünftig hätte aufnehmen können. Die Treiber schienen sich kaum zu bewegen, ihre erneuten lauten Rufe ortete ich von fast der gleichen Stelle wie zuvor. Und wieder flog eine einzelne Sau über die schneebedeckte Blöße. Dieses Mal brachte ich den Repetierer noch nicht einmal in den Anschlag. Auch die dritte Sau wurde nach gleichem System angekündigt und passierte mich unbeschossen. Sollten die Hunde eine Sau nach der anderen aus einer Dickung geworfen haben? Ich hatte allerdings kein Hundegeläut vernommen, nur das Lauterwerden der Treiber.

Mit 61 Stück Schwarzwild übertrafen wir die Strecke des Vorjahres. Wiederum war mit der stattlichen Anzahl von 17 Keilern der Anteil der Trophäenträger sehr hoch. Bei mir und dem Rest der Gruppe verfestigte sich zunehmend der Eindruck, dass hier unmerklich eine fast perfekt wirkende Illusion geschaffen wurde. Klappe auf, Klappe zu, Klappe auf, Klappe zu. Wir entschieden uns jedenfalls, dass dies nicht unsere Art zu jagen sei, und reisten fortan nicht mehr nach Bukovetz.

Jahre später verfolgten wir eine Protestaktion der bulgarischen Jägerschaft. Zahlreiche einheimische Jäger gingen auf die Barrikaden und prangerten an, dass zunehmend Wild in freier Wildbahn gefangen werde, um es dann in privaten Revieren auszusetzen. In vielen Gegenden sei so der Wildbestand derart dezimiert worden, dass keine ertragreiche Jagd mehr möglich sei. Nachweisen konnten wir es natürlich nicht, aber es machte schon den Anschein, dass diese Vorgehensweise auch in Bukovetz angewendet wurde. Leider haben zu viele Jäger im Rahmen einer Auslandsjagd den Anspruch, besonders starke Trophäenträger oder exorbitant große Strecken erlegen zu wollen. Aber auch ausländische Reviere geben natürlich nur so viel her, wie es das Biotop und eine normale Hege zulässt. Zu groß scheint aber die Versuchung, hier etwas nachhelfen zu wollen. Sei es durch Zäune oder das künstliche Auffüllen der Wildbestände.

Jagd:	Drückjagd auf Schwarzwild
Ort:	Elena, Verwaltungsbezirk Weliko Tarnowo, Bulgarien
Revier:	Privatrevier Bukovetz, 29.000 ha
Datum:	November 2008
Strecke:	50 Sauen
Anzahl Schützen:	12
Schussverhältnis:	1 : 3

und

Datum:	Dezember 2009
Strecke:	61 Sauen
Anzahl Schützen:	10
Schussverhältnis:	1 : 2,9
Vermittler:	Bultours GmbH

©pellephoto/stock.adobe.com

Sieben auf einen Streich

Im Jahre 2010 hatte es unsere Jagdgruppe in die Masuren verschlagen. Das ehemalige Ostpreußen mit seinen riesigen Wäldern und unzähligen Seen übt auch heute noch eine große Faszination auf deutsche Jäger aus. Auch wenn die sagenumwobenen Reviere, wie etwa die Rominter Heide heute nicht mehr das sind, was sie einmal waren, so kann in den Masuren auch heute noch überdurchschnittlich erfolgreich gejagt werden. „Kann“ war allerdings für uns die entscheidende Einschränkung.

Ein Verbund dreier Reviere bemühte sich redlich, für uns eine gute Drückjagd durchzuführen. Dennoch kamen trotz des guten Schussverhältnisses von 1 : 2,3 in unseren vier Jagdtagen nur 17 Stück Wild zur Strecke. Die Masuren sind landschaftlich ein Traum, die polnischen Jäger waren durch die Bank nett und gastfreundlich, und die Besichtigung von Danzig am Abflugtag war für uns eine interessante Bereicherung. Aber jagdlich gesehen war der Wildbestand in den drei Revieren einfach zu gering, um dort intensiv mit einer zehn Mann starken Truppe über mehrere Tage jagen zu können. Ein Wunder, dass keiner von uns als Schneider aus den Masuren nach Hause fuhr. Wenig bleibt mir von dieser Reise in Erinnerung: Ein Elchbulle weit im Treiben, das Zusammensitzen unmittelbar nach der Jagd vor dem offenen Kamin, meine angeschmolzenen Schuhsohlen beim Wärmen meiner kalt gewordenen Füße, das im Revier liegende Führerhauptquartier Wolfsschanze und natürlich die Sau, die sich im Pfluggraben drückte wie ein Hase und die ich unbeschossen laufen ließ. Aber das war einfach zu wenig und musste sich ändern. So streckten wir unsere Fühler wieder einmal nach neuen Zielen aus.

Mein langjähriger Jagdfreund Josef hatte „Zoli“, den umtriebigen ungarischen Jagdreisevermittler im Rahmen einer Bockjagd kennen und schätzen gelernt. Auf Nachfrage gab dieser zu erkennen, dass man über ihn auch attraktive Drückjagden im Norden Ungarns buchen könne. Grundsätzlich war bei unbekannten Anbietern etwas Vorsicht geboten, wollten wir doch nicht an einen der vielen unseriösen Vermittler geraten, die viel versprachen, aber wenig davon halten konnten. Doch zu Zoltán Nagy baute sich rasch ein gutes Vertrauensverhältnis auf. Der eher kleine ungarische Reisevermittler hatte seine Nagyvad Hunting GmbH im Jahre 2000 gegründet und bot schwerpunktmäßig Jagden in Nordungarn an. Schnell merkten wir, dass wir nicht nur an einen gewöhnlichen Jagdreisevermittler und Geschäftsmann, sondern auch an einen Jäger geraten waren, der klare Vorstellungen von einer traditionsbewussten und weidgerechten Jagd, aber auch von zeitgemäßem Wildmanagement hatte. Seine Laufbahn hatte er 1986 als Hilfshegemeister in der Försterei Buják im Cserhát-Gebirge im Norden Ungarns begonnen. Dort mauserte er sich rasch zum Hege- und Jägermeister. Heute ist er Vorsitzender der Tókerti Jagdgesellschaft in seinem Heimatort Magyarnándor und bewirtschaftet dort sein „eigenes" Revier. Seine Zeit als Hegemeister nutzte er, um im Cserhát-, aber auch im westlich davon gelegenen Börzsöny-Gebirge gute Kontakte zu den dortigen Revieren zu knüpfen. Dies machte er sich in den Jahren danach zunutze und schöpfte die Jagden ab, die die größeren Vermittler nicht vermarkten konnten, die Gäste kurzfristig abgesagt hatten oder die von den Revieren zusätzlich für notwendig erachtet wurden.

Für uns hatte Zoli im Januar 2012 eine viertägige Drückjagd im Revier Kemence an den nordwestlichen Hängen des Börzsöny-Gebirges (deutsch: Pilsengebirge) möglich gemacht. Das Revier ist eines von acht Revieren, die von der staatlichen Ipoly Erdő AG in den Landkreisen Pest und Nógrád bewirtschaftet werden. Auf insgesamt 64.000 ha liegt das Hauptgeschäftsfeld der Gesellschaft in der Wald- und Wildbewirtschaftung. Neben dem Börzsöny-Gebirge gehören das Cserhát sowie die südwestlich gelegenen Gödöllő-Hügel zu deren Wirkungsbereich. Das Börzsöny-Gebirge liegt nur etwa 100 km nördlich von Budapest und ist ein Mittelgebirge vulkanischen Ursprungs. Mit dem 938 m hohen Csóványos weist es seine höchste Erhebung auf. Im Gegensatz zu den sanften Hügeln des Cserhát stößt man im Börzsöny auf schroffere Geländeformationen mit tiefen Tälern und steilen Hängen. Der Wald wird in höheren Lagen von Rot- und Hainbuchen und in tieferen von Eichen dominiert. Fast alle Flächen dieser für Ungarn beachtenswert großen zusammenhängenden Waldfläche stehen heute unter Naturschutz. Das Revier Kemence selbst nimmt eine Fläche von 8.220 ha ein und gehörte zu den Lieblingsrevieren der ungarischen Könige. Heute noch

Unsere Unterkunft an der Schmalspurbahn

weisen zahlreiche Ortsbezeichnungen wie Királyháza und Király-kút auf diesen Sachverhalt (Király = König) hin. Die Jahresstrecke beträgt hier durchschnittlich 150 Stück Rotwild, 55 Stück Muffelwild, 60 Stück Rehwild und 300 Stück Schwarzwild. Die nackten Zahlen schienen also zu passen, auch wenn unsere schon etwas in die Jahre gekommene Gruppe ein wenig Respekt vor dem bergigen Gelände hatte.

Unsere Anreise gestaltete sich problemlos. Der Flug von Köln nach Budapest und die anderthalbstündige Autofahrt nach Kemence waren schnell hinter uns gebracht. Als Unterkunft diente uns ein kleines Dreisternehotel inmitten des Reviers. Unmittelbar an der heutigen Museumswaldbahn Kemence gelegen, hatte man eine ehemalige Raststation der Bahnlinie zu einem Hotel umfunktioniert.

Die Schmalspurbahn mit einer Spurweite von nur 60 cm wurde in früheren Zeiten vor allem zum Holztransport und zur Personenbeförderung genutzt. Jetzt diente die ausschließlich in freiwilliger Arbeit betriebene Kleinbahn vor allem touristischen Zwecken. Dies war auch allenthalben zu spüren. Spielplätze, Kletterwände, ein Freibad, eine große Terrasse sowie zahlreiche, gut ausgeschilderte Wanderwege hatten wenig mit meiner Vorstellung von einer idyllischen Jagdhütte zu tun.

Die Bar übernommen!

Auch im Inneren versprühte ein offenes Atrium-Design eine eher kühle Atmosphäre. Aber gut, jeder hatte sein Zimmer mit Bad, es war sauber, und um den Rest kümmerten wir uns selbst. Der Kamin wurde allabendlich angefacht, und die eigentlich dauerhaft geschlossene Bar schon bald in Eigenregie bewirtschaftet. Klaus fungierte kurzerhand als vertrauenswürdiger Barkeeper, und so konnten wir dann doch viele gesellige und gemütliche Stunden nach der Jagd verbringen.

Zoli ließ es sich nicht nehmen, uns in den kommenden vier Tagen auf der Jagd zu begleiten. Er fungierte gewandt als Dolmetscher, begleitete uns zu den Ständen, machte Fotos und Videos vom Jagdgeschehen und hatte stets für jeden von uns ein offenes Ohr. Nicht nur einer unserer Gruppe, sondern die meisten Schützen hatten auf ihren Ständen einen einheimischen Begleiter an ihrer Seite. Mancher empfand dies zunächst als unangenehm und unnötig. Aber es dauerte nur wenige Treiben, bis alle verstanden hatten, dass man zu zweit eher einen Vor- als einen Nachteil hatte. Vier Augen sahen und vier Ohren hörten einfach mehr, und so wurden wir oft schon frühzeitig auf anwechselndes Wild aufmerksam gemacht, das wir selbst noch gar nicht vernommen hatten. Auch aus Sicht des Reviers musste man ein derartiges Begehren verstehen. Schließlich wussten die Jagdveranstalter nicht, mit wem sie es auf der Jagd zu tun bekamen. Waren es erfahrene oder unerfahrene Jäger, waren die Gäste schießwütig oder eher besonnen? Und, nicht zuletzt, waren sie ehrlich, oder verschwiegen sie eventuell doch den ein oder anderen schlechten Schuss, wodurch eine notwendige Nachsuche unmöglich gemacht wurde? Sicherlich hatten die einheimischen Jagdleiter schon viele schlechte Erfahrungen gemacht und waren deshalb vorsichtig geworden. Aber auch diese Angst löste sich schnell in Luft auf, als sich herausstellte, dass wir unser Handwerk verstanden und es umsichtig und versiert ausübten. So empfand man sich gegenseitig bald als Team und jagte gemeinsam aus Überzeugung. Da waren dann auch die natürlich vorhandenen Sprachbarrieren auf einmal kein Problem mehr.

In Begleitung auf dem Stand (Foto: ©Bergringfoto/stock.adobe.com)

Die Wälder in Kemence stehen heute zu einem Großteil unter Naturschutz oder besitzen einen anderen Schutzstatus, der sich unmittelbar auf die waldbaulichen Aktivitäten der Forstbetriebe auswirkt. Der Einschlag wird verringert, es erfolgt ein Abrücken vom klassischen, aber längst überholten Alterklassenwald mit seiner Kahlschlagbewirtschaftung, und die Verjüngung der Bestände erfolgt zunehmend auf natürlichem Wege. Verjüngungsfreudige, standortgerechte und klimastabile Wälder sind hier und über die Grenzen hinaus das Ziel der heutigen Forstwirtschaft. Künstliche Aufforstungen sind nur dort notwendig und geduldet, wo Naturereignisse den gesamten Bestand zunichtegemacht haben. Im Börzsöny-Gebirge mit seinen ausgedehnten Laubwäldern sind für derartige Naturkatastrophen vor allem Eisbruchereignisse verantwortlich. In den letzten zwei Jahrzehnten traten diese auffallend vermehrt auf und haben ganze fünf Mal zu erheblichen Schäden geführt. Dies sollten wir ein paar Jahre später am eigenen Leib erfahren, als ein Revier die Jagd wegen Unzugänglichkeit des Waldes und Gefahr für Leib und Leben absagen musste. Anders als in Deutschland und vielen anderen Ländern haben in Ungarn aber Wald- und Wildbewirtschaftung einen fast gleichrangigen Stellenwert. Die Jagd wird als gleichberechtigte Nutzung sowie gute und willkommene Einnahmequelle gesehen. So orientiert sich der Waldbau auch an den Erfordernissen und Voraussetzungen einer möglichst effektiven und ertragreichen Bejagung.

In Kemence trifft man nach wie vor meist auf einen Alterklassenwald mit ausgeprägten Verjüngungen, Stangenhölzern und Althölzern. Der Unterschied zu früher liegt allerdings darin, dass die hiebreifen Altholzbestände vor ihrem Abtrieb zunächst über Auflichten und Überhälter natürlich verjüngt werden. Dies führt zu vielen, teilweise sehr großen, aber immer noch klar abgegrenzten Parzellen mit extrem dichten und zudem meist von Brombeeren überwucherten Jungwüchsen, die sich nach wenigen Jahren als ideale Einstände für das Schwarzwild etablieren.

Im Herbst, nach Aberntung der großflächigen Ackerflächen, ziehen sich die Sauen in die Wälder zurück und finden in der Mast von Eichen und Buchen ausreichend Äsung. Sie vereinigen sich zu großen Rotten und schieben sich tagsüber in die unzähligen, über die gesamte Fläche des Reviers verteilten Dickungskomplexe ein. Die Jäger helfen durch massive Fütterungen mit Körnermais nach, um die größeren

Transport im Revier

Rottenverbände an die Einstände zu binden und diese dann mit zwei oder drei Drückjagden über den Winter erfolgreich zu bejagen.

Uns erwarteten jeweils drei Treiben am Tag, zwei vor der Mittagspause und eines danach. Unsere Stände lagen meist etwas abseits der Dickungen an den bevorzugten Wechseln. Nur wenn es die Geländesituation nicht anders zuließ, wurden wir unmittelbar an den Dickungsrändern positioniert. Die Stände lagen in der Regel so weit auseinander, dass man keinen direkten Nachbarn hatte, und zudem bot das steile Gelände fast immer ausreichend Kugelfang. So mussten wir meist keine gefährdenden Schusskorridore berücksichtigen und konnten uns voll und ganz auf das angetriebene Wild konzentrieren. Aber erst einmal mussten die Stände erreicht werden. Nicht immer waren befahrbare Wege in der Nähe, an denen motorisiert abgestellt werden konnte. Oft musste ein Teil der Gruppe die Stände zu Fuß angehen. Lag am ersten Morgen noch etwas Schnee, so gestaltete sich das Geläuf mit steigenden Temperaturen zunehmend morastiger, und das Unterfangen wurde immer beschwerlicher.

1		TREIBEN									
		1	2	3	4	5	6	7	8	9	10
SCHÜTZEN	6	5	4	3	2	6	1	5	4	3	2
	7	7	6	3	2	5	4	1	6	3	2
	8	8	5	4	1	8	6	3	2	8	1
	9	7	6	1	8	3	9	4	5	2	7
	10	8	3	10	7	4	5	2	7	6	9
	11	7	4	9	6	5	2	11	1	8	3
	12	7	4	9	2	11	1	8	12	5	6
	13	3	10	5	8	9	4	11	2	13	1
	14	10	5	2	13	4	7	8	14	1	12
	15	8	7	14	1	12	3	15	4	13	2

Bei bspw. 13 Jägern hat die Standkarte 1 im 4. Treiben den Stand 8.

Zur Verteilung der Stände benutzten wir auch in diesem Jahr wieder unsere bewährten Standkarten. Sie garantierten ständig wechselnde Stände, ohne dass jemand bevorzugt wurde. Eigentlich ein einfaches System, das dennoch Jahr für Jahr einer kurzen Einführung am Abend vor dem ersten Jagdtag bedurfte. Ein wenig machten wir uns auch einen Spaß aus dieser Routine und fielen über diejenigen her, die nicht aufgepasst hatten und die Zeile mit der Anzahl der Schützen oder die Spalte mit der Nummer des Treibens vertauschten.

Die örtlichen Gegebenheiten und die altersbedingt nachlassende Kondition einiger Teilnehmer machten es jedoch notwendig, unser System flexibler zu gestalten. Wir vereinbarten, dass jeder die Hand heben könne, wenn ihn die Kräfte verließen. Er bekam dann den nächsten Stand zugewiesen, und alle anderen rückten einen

Stand auf. Ganz haarig wurde es, wenn der Ansteller am Fuße eines Hanges darauf hinwies, dass es vorteilhaft sei, sich der warmen Jacken zu entledigen. Dann wurde es in der Regel besonders steil, und die Wegstrecke bis zum Stand erwies sich als äußerst kräftezehrend. Bis auf wenige Ausnahmen bewährte sich unsere Regelung, und keiner bekam das Gefühl, der Gruppe zur Last zu fallen.

Börzsöny Keiler

Der erste Jagdtag begann verheißungsvoll. Sieben der insgesamt 13 Teilnehmer kamen zu Schuss, vielversprechende 22 Schüsse fielen, aber leider lagen am Ende nur fünf Sauen auf der Strecke. Wir hatten dieses Phänomen häufig erfahren müssen. Die Gruppe war wirklich gut vorbereitet und mit der Kugel versiert, aber die Schießleistungen im ersten Treiben waren meist katastrophal. Ob es an übermotivierten Jägern oder zu starkem Jagdfieber lag, war nicht zu ergründen. Aber je länger die Jagd dauerte, desto besser wurde auch das Schussverhältnis. 17 Sauen und 3 Stück Kahlwild lagen nach dem ersten Tag auf der Strecke. Klaus wurde mit sechs Sauen Tages-Jagdkönig, und nur zwei Schützen gingen ohne Beute in den nächsten Tag.

Über Nacht hatten die Temperaturen wieder kräftig angezogen. Es war bitterkalt, und es hatte einige Zentimeter geschneit. Ideales Drückjagdwetter! Im ersten Treiben umstellten wir eine etwa 10 ha große Verjüngung in einem Steilhang. Zahlreiche Überhälter beschirmten das schier undurchdringliche Dickicht darunter.

Mein Stand lag auf der Flanke in einem Gegenhang, ein gutes Stück von der Dickung entfernt. Optimales Schussfeld mit freier Sicht auf den Jungwuchs und auf anwechselndes Wild. Ich machte mir große Hoffnungen. Im Zentrum des Treibens konnte ich Wolfgang inmitten der Dickung auf einem Hochsitz ausmachen. Dieser war an zwei sich kreuzenden Rückegassen positioniert, die ihm schmale Schussschneisen in alle Himmelsrichtungen eröffneten. „Das wird wohl der Königsstand sein“, ging es mir durch den Kopf.

Wolfgang, Klaus, Uli, der endlich zur Gruppe gestoßene und mit vielen befreundete Landwirt Heinrich und Constantin, ebenfalls ein junger Landwirt und zudem

Patensohn meines Vaters, hatten an diesem Morgen die Standnummern 9 bis 13 und gehörten somit einer Gruppe an. Ihr Ansteller beschloss, die Transportfahrzeuge mit ausreichendem Abstand zur Dickung abzustellen und die Stände zu Fuß anzugehen. Zu leicht hätte das Wild beunruhigt werden können. Die Gruppe legte zunächst gemeinsam parallel zur Dickung ein gutes Stück hangaufwärts zurück. Dann trennte man sich.

Ohne Hunde geht gar nichts!

Heinrich und Klaus besetzten mit ihren Begleitern die von mir aus gesehen gegenüberliegende Flanke. Wolfgang wurde vorsichtig ins Zentrum des Saueneinstandes geleitet und nahm leise seinen Stand auf dem Hochsitz ein. Constantin schaute fragend in den Rest der Gruppe: „Und wo kommen wir hin?“ Die beiden ungarischen Begleiter wiesen lautlos den Steilhang hinauf. „Ohne Hubschrauber geht hier für mich gar nichts!“, flüsterte Constantin mit sorgenvoller Miene. Noch konnte Uli darüber lachen. Mühsam quälten sich die vier den steilen Hang hinauf. Auf halber Strecke bogen Constantin mit Begleiter nach links und Uli mit seinem ungarischen Jäger nach rechts ab. Beide Stände lagen oberhalb der Dickung in einem Altholz, etwa 250 m voneinander entfernt. Der Abstand zur Dickung betrug ähnlich wie bei mir 80 bis 100 m und war gut einsehbar. Das Schussfeld im Altholz wurde allerdings durch den notwendigen Sicherheitskorridor zwischen beiden Schützen stark begrenzt. Unweit von Ulis Stand, jenseits eines Weges, begann dann schon das nächste dichte, Schutz bietende Unterholz. Sein Plan: Sauen im Altholz ansprechen, außerhalb des Sicherheitskorridors aufnehmen und kurz vor oder auf dem Weg vor der nächsten Dickung beschießen.

Die Jagd war nur wenige Minuten alt, als sich bereits die ersten Sauen ankündigten. Vier Überläufer verließen unterhalb von Constantins Stand hangaufwärts das Treiben und wechselten wie an der Perlenkette aufgereiht genau auf Ulis Stand zu. Dieser hielt sich an seinen Plan, und die ersten Schüsse fielen. Die Rotte verschwand in der angrenzenden Verjüngung. Saßen die Schüsse, oder hatte er gefehlt? Viel Zeit zum Nachdenken blieb ihm nicht, denn auf die erste Rotte folgte sogleich die zweite. Wieder war es eine Gruppe Überläufer, die ihr Heil in der Flucht suchte. Auch Constantin konnte seine ersten Schüsse anbringen, und die übrigen nahmen erneut Ulis Stand an. Dieses Mal blieb eine der beschossenen Sauen auf dem Weg vor der Dickung liegen. Die anderen flüchteten ins Dickicht.

Inzwischen hatte ich Wolfgang ein paar Mal in Anschlag gehen sehen, aber noch hatte er keinen Schuss aus dem Lauf gebracht. Das ganze Schauspiel fand am Kopf des Treibens statt. Immer wieder nutzten die Sauen den gleichen Wechsel, um sich davonzustehlen. Zehn Schuss hatte Uli bereits zu platzieren versucht, aber nur eine Sau lag verendet in seinem Sichtfeld. Er beschloss, die Waffe zu entladen und das Ende des Treibens abzuwarten. Der Unmut seines Begleiters erfolgte postwendend und war entsprechend deutlich. „Bitte laden und weitermachen!“, lautete seine klare, unmissverständliche Order. Eigentlich hatte er ja recht, da quälten sich Treiber und Hunde durch den vereisten Steilhang, um den Gästen das Wild vor die Läufe zu bringen, und die weigerten sich, ihre Chancen zu nutzen.

Kugel um Kugel füllte Uli sein Magazin. Weitere acht Schüsse folgten. Eine Sau ging über Kopf und stellte sich für einige Sekunden im Kopfstand an einer dicken Buche auf, bevor sie verendet zusammenbrach. Ganze 18 Schüsse hatte er am Ende aus dem Lauf geschickt, jedoch nur zwei Sauen konnte er liegen sehen.

Constantin hatte währenddessen sechs Schüsse abgegeben, alle vier von ihm erlegten Sauen waren im Schnee gut erkennbar. Auch Wolfgang auf dem vermeintlichen Königsstand war inzwischen zu Schuss gekommen und streckte zwei Sauen. Die Flanken schienen leer auszugehen. Kurz vor Ende des Treibens verirrte sich dann doch noch ein einzelner Keiler in meine Richtung. Der erste Schuss auf etwa 100 m ging fehl, beim zweiten bemühte ich mich, etwas vor die Sau zu kommen, und legte diese sauber auf die Schwarte.

Sieben auf einen Streich!

Endlich erreichten die Treiber die Oberkante des Hanges, und ein Hornzeichen kündigte das Ende des Treibens an. Trotz Minusgraden standen den beiden Hauptakteuren vor Kopf die Schweißperlen auf der Stirn. So eine Jagd hatten sie noch nicht erlebt. Geschätzt wechselten die beiden im gesamten Treiben fast 100 Sauen an, die ihre Jägerherzen in Wallung und ihre Läufe zum Glühen brachten. Die Treiber nahten, um das Wild zu bergen. Mehrere Schweißfährten auf dem Weg ließen vermuten, dass Uli doch mehr als nur zwei Treffer gelungen waren. Weit mussten die Treiber dann auch nicht in die Dickung. Die meisten Sauen hatten es nur noch 5 bis 10 m geschafft. Nur eine musste von den Treibern weiter nachgesucht werden und wurde verendet nach 100 m gefunden. Eine Sau nach der anderen zogen sie aus dem Dickicht. Allesamt hatten sie gute Schüsse. Sieben auf einen Streich, was für ein Moment in Ulis Jägerleben!

43 Schüsse waren gefallen, 26 Sauen lagen auf der Strecke, das war mit Abstand das beste Treiben, das wir jemals erlebt hatten und auch in Zukunft erleben sollten. Obwohl wir noch völlig überwältigt waren und stundenlang über dieses Spektakel hätten diskutieren können, kannten die Ungarn keine Rast. Die Gruppen wurden neu sortiert, und schon ging es zum zweiten Treiben.

Weidmannsheil!

Erneut sollte Uli die tragende Rolle spielen. Zusammen mit seinem Schwiegervater Josef suchte er einen völlig vereisten Hügel zu erklimmen. Josef hatte die höhere Standnummer und sollte eigentlich weiter oben abgestellt werden. Der Aufstieg war für ihn aber nicht zu schaffen, und so tauschten die beiden die Stände. Gut so, denn selbst der konditionsstärkere Uli erreichte den Stand erst, als das Treiben längst begonnen hatte. Die letzten Meter wurden im Spurt zurückgelegt, und Dampf stieg aus den dicken Jacken der beiden auf. Uli sackte erschöpft auf seinen Sitzstock. Keine 20 Minuten war das Treiben alt, da machte ihn sein Begleiter auf zwei Überläufer aufmerksam, die sich in vollem Tempo näherten. Uli ließ die Sauen kommen, fuhr vorn mit, und schon verließ die

Kugel den Lauf. Ohne zu zeichnen, setzten die Sauen ihre Flucht fort. Wiederum blieb ihm nicht viel Zeit, sich Gedanken über sein Jagdglück zu machen. Auf dem gleichen Wechsel kamen erneut Sauen, dieses Mal zwei Frischlinge. Etwa an der Stelle, an der er den Überläufer beschossen hatte, verhofften die beiden spitz. Uli hatte die linke gut im Visier, und schon hallte der Schuss durchs Tal. Der Frischling quittierte die Kugel und brach im Feuer zusammen. Die beiden Jäger schauten sich verdutzt an, als der zweite Frischling wie angewurzelt stehen blieb und in ihre Richtung sicherte.

Und immer der gleiche Wechsel! (Foto: ©sackart/stock.adobe.com)

Auch mit der nächsten Kugel war Uli erfolgreich. Beide Frischlinge lagen, nur wenige Meter vom Anschuss des Überläufers entfernt, im Feuer. Eine breite Schweißfährte wies den Weg zur Beute, die er schon gefehlt glaubte. Drei Schuss, drei Treffer, das war das Sahnehäubchen auf einem unvergesslichen Jagdtag.

Am Abend gab Uli zunächst allen die ausgeliehenen Kugeln im Kaliber 9,3 x 62 zurück. Ihm waren nämlich nach den beiden erfolgreichen Treiben die Kugeln ausgegangen, und der Rest der Gruppe musste ihm zur Seite stehen. Ein Grund mehr für uns, mit ihm jede Sau und jede geliehene Kugel gebührend totzutrinken. 15 Sauen der Tagesstrecke von insgesamt 36 Sauen hatten Uli und Constantin gemeinsam zur Strecke gebracht, und nun saßen sie zu später Stunde allein und ziemlich betrunken vor dem großen Kamin.

Zu jedem frischen Bier legten sie Holz nach und brachten die Feuerstelle beinahe zum Bersten. Irgendwann war dann aber auch der eigentlich für die ganze Woche vorgesehene Holzvorrat verbraucht, und die beiden schleppten sich müde, aber glücklich auf ihre Zimmer. Den ungläubigen Blick des Hausmeisters auf das leere Holzlager am nächsten Morgen werden die zwei sicher nie vergessen.

Ich hatte an den ersten beiden Jagdtagen zwei Keiler und einen Überläufer erlegt und war mit der Ausbeute mehr als zufrieden. Nicht besonders aussichtsreiche Chancen, die man in wildärmeren Revieren vielleicht riskiert hätte, konnte man im Revier Kemence getrost verstreichen lassen. Da musste es schon wirklich dumm laufen, wenn sich einem nicht genügend gute Möglichkeiten boten. So konnte ich im ersten Treiben des dritten Tages einen weiteren Überläufer strecken.

Im dritten Treiben querte meinen Stand zudem eine größere Rotte mit vielen schwächeren Frischlingen. Hangaufwärts waren die Sauen nicht allzu schnell, und ich konnte zwei Braune herauspicken. Einen dritten stellten die Hunde wenige Meter vor mir. Vier oder fünf Terrier und diverse kleinere Mischlinge fielen über die Sau her und ließen sie jämmerlich klagen. An einen Fangschuss war nicht zu denken. Die Sau musste mit dem Messer abgefangen werden. Erstaunlich, dass mein ungarischer Jäger keines dabeihatte. So musste mein Aufbruchmesser mit kurzer Klinge herhalten, um dem Elend ein Ende zu bereiten.

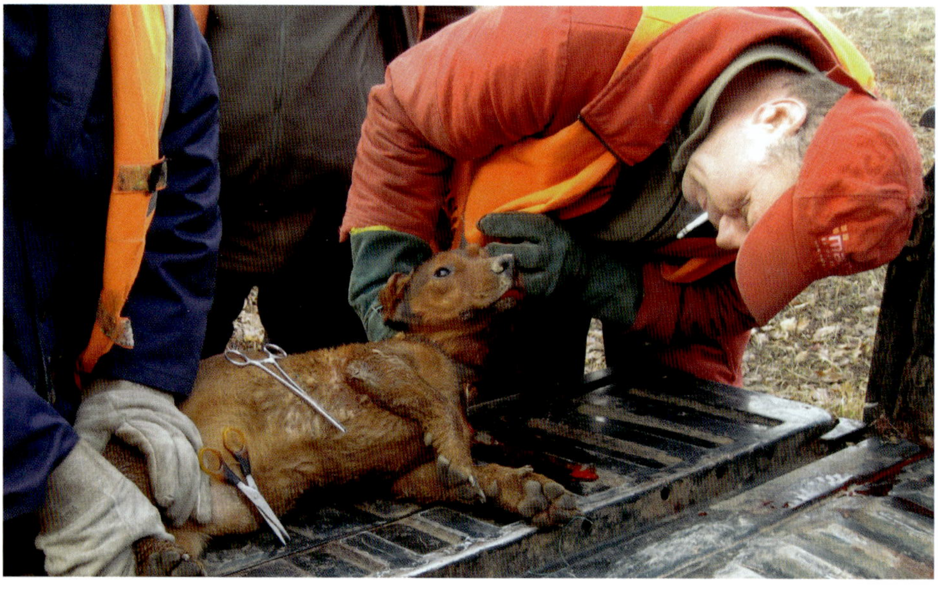

Wunden versorgen zwischen den Treiben

Die kurzläufigen, sauverrückten Terrier waren ideale Partner, um die dichten Verjüngungen zu bejagen. Sie verstanden es exzellent, den Sauen hartnäckig zuzusetzen, und oft gelang es ihnen, diese einzeln oder in kleineren Gruppen aus den Dickungen zu schmeißen. So furchtlos, wie sie waren, so kopflos warfen sie sich derweilen ins Getümmel. Natürlich blieb ihr Wagemut nicht immer ohne Folgen. An stärkere Sauen geraten, mussten sie den ein oder anderen Schmiss hinnehmen. Bei nicht so schwerwiegenden Verletzungen halfen sich die Ungarn noch während der Jagd selbst. Zwischen den Treiben wurde das Operationsbesteck herausgeholt, und die Wunden wurden mit Schere, Nadel und Faden geflickt. Wenn sie gedurft hätten, wären die Hunde im nächsten Treiben direkt wieder dabei gewesen, wenn es den Sauen erneut an die Schwarte ging. Aber hier hatten die ungarischen Jäger dann doch ein Einsehen.

Treiberwehr mit Tagesstrecke

Wir hatten mit Zoli ein einfaches Abrechnungsmodell vereinbart. Jede erlegte Sau wurde mit 200 Euro berechnet, egal, ob es sich um einen Frischling oder einen kapitalen Keiler handelte. Zahlreiche Modellrechnungen stellten wir im Vorfeld der Reise auf, um herauszubekommen, ob Zolis Vorschlag nun passend sei oder sich gar für uns lohne. Aber wer hatte schon mit solch einer Strecke gerechnet?! Für den praktischen Ablauf während der Jagd und die anschließende individuelle Abrechnung war das einfache Zoli-Modell auf alle Fälle Gold wert. Keine Diskussionen mit dem Jagdleiter, ob es sich nun um einen Frischling oder Überläufer handelte, und mit Ausnahme der Keiler keine zwingende Zuordnung der erlegten Stücke zu den jeweiligen Schützen. Das vereinfachte den Ablauf schon sehr. Mit etwas Abstand verglichen wir im Nachgang der Reise noch unser vielfach erprobtes Sondermodell, bei dem wir intern 100 Euro je erlegtes Stück zuzüglich Sonderzahlungen für Abschüsse von Bachen und Keilern in eine interne Kasse einzahlten und den Rest der Abschussgebühren anschließend auf alle verteilten. Die maximale Differenz zum Zoli-Modell betrug 300 Euro. Meist war der Unterschied aber so gering, dass wir uns im Jahr darauf erneut für dieses einfache Abrechnungsmodell entschieden.

In den beiden folgenden Jagdtagen brachten wir weitere 22 bzw. 18 Sauen zur Strecke. Somit hatten wir in vier Jagdtagen mit 13 Schützen eine Gesamtstrecke von 93 Sauen und drei Stück Kahlwild erlegt. Jeder Schütze fuhr mit mindestens vier

Keilerwaffen (Foto: ©CMM.Photo/stock.adobe.com)

Stück erlegtem Wild, drei Schützen gar mit einer zweistelligen Strecke nach Hause. Die Schwarzwildstrecke setzte sich aus einem Keiler mit einer Waffenlänge in der Spanne von 18 bis 20 cm, sechs Keilern zwischen 16 und 18 cm, zwölf Keilern zwischen 14 und 16 cm, vier stärkeren Bachen sowie 70 Überläufern und Frischlingen zusammen. Im Vergleich zu unseren Jagden im bulgarischen Bukovetz war dies eine völlig natürliche und gute Verteilung.

Jagd:	Drückjagd auf Schwarzwild (und Rotwild)
Ort:	Börzsöny-Gebirge, Ungarn
Revier:	Kemence, 8.230 ha
Datum:	Januar 2012
Strecke:	3 Stück Rotwild, 93 Sauen
Anzahl Schützen:	13
Schussverhältnis:	1 : 2,4
Vermittler:	Nagyvad Hunting GmbH

Jagdhaus Wenckheim

Natürlich hätten wir im Januar 2013 gern erneut im Revier Kemence und in den steilen Hängen des ungarischen Börzsöny-Gebirges gejagt. Die spektakuläre Natur, der enorme Wildreichtum, die perfekte Jagdorganisation, die ungarische Gastfreundschaft, die Pflege der Jagdtraditionen und natürlich die außergewöhnliche Strecke hatten diese Reise ein Jahr zuvor zu einer der besten gemacht, die unsere Gruppe jemals unternommen hatte. Aber Zoli, unser Jagdreisevermittler, bekam keinen rechten Zugriff auf das Revier. Alle geplanten Jagden waren an andere Gruppen vergeben, und so musste er sich letztlich nach einem Ersatz für uns umsehen. Nach langem Hin und Her konnte er uns vier Jagdtage im Revier Diósjenő anbieten. Das Revier lag südöstlich von Kemence und hatte eine Größe von 3.450 ha. Nach Aussage von Zoli seien die südöstlichen Hänge des Börzsöny nicht ganz so steil wie in Kemence und ließ einen Teil unserer Gruppe aufatmen, waren wir doch im Vorjahr konditionell oft an unsere Grenzen gestoßen.

Die Wälder des Reviers Diósjenő gehörten jahrhundertelang der Erzdiözese Esztergom, dem Bistum Vác und dem Hochadel der Familie Eszterházy. Im 19. und Anfang des 20. Jahrhunderts gingen diese dann in den Besitz anderer Adelsfamilien über. Mitte des 20. Jahrhunderts wurden alle Besitztümer schließlich verstaatlicht, und seit dem Jahr 1993 werden sie nach der Umwandlung in eine Aktiengesellschaft von der staatlichen Ipoly Erdő AG bewirtschaftet und verwaltet. Die Wälder ähneln denen von Kemence sehr. In höheren Lagen dominiert die Rotbuche, in tieferen Stieleichen, Traubeneichen und Hainbuchen. Mit einer Jahresstrecke von 50 Stück Rotwild, 25 Stück Muffelwild, 35 Stück Rehwild und 150 Stück Schwarzwild schien uns auch hier ein wildreiches Revier zu erwarten.

Drei Abgänge zum Vorjahr und ein Neuzugang ließen elf erwartungsvolle Jäger Ende Januar in den Flieger Richtung Budapest steigen. Ungarn präsentierte sich Mitte Januar winterlich. Sahen wir entlang der Donau noch das ein oder andere Grün durchschimmern, umso weißer wurde die Landschaft gen Norden. Gern hätten wir wieder im Hotel an der Schmalspurbahn in Kemence Quartier bezogen, zu sehr hatten wir die ausgelassenen Abende an der Bar genossen. Aber die morgendliche Anreise ins Revier wäre einfach zu weit gewesen. So verließen wir in Nagyoroszi die Hauptstraße und kämpften uns in ein tief verschneites Gebirge vor. Doch weiter als bis zu einer alten russischen Kaserne sollten wir nicht kommen. Zoli erklärte uns, dass bei dieser Schneelage die steile Zufahrt zu unserer Unterkunft mit dem Bus nicht zu bewältigen wäre. Nur er könne mit seinem Geländewagen die Jagdhütte oben im Wald erreichen. So vereinbarten wir, dass Zoli zunächst unser Gepäck nach oben fahren solle und bei jeder der notwendigen Fahrten einen unserer Älteren mitnehmen könne. Der Rest der Gruppe machte sich auf, die 2 km Wegstrecke bis zur Jagdhütte zu Fuß zu bewältigen. Der steile Anstieg, die hohe Schneelage und das rutschige Geläuf nötigten uns einen gut halbstündigen Fußmarsch ab. Auch wenn die eiskalte Luft unsere Lungen zusammenschnürte, war es herrlich, durch die verschneite Nacht zu wandern, und schon fast urtümlich, unsere Jagdhütte zu Fuß anzugehen.

Durch das offene Tor und nach wenigen Metern kam es in Anblick, das Jagdhaus Wenckheim. Was für eine Idylle, mitten im tief verschneiten Wald, abgeschieden von der Zivilisation, eine dicke Schneelage auf dem Dach, lange Eiszapfen an den Dachtraufen, ein qualmender Kamin und unendliche Stille. Genau so hatte ich mir eine Jagdhütte immer erträumt!

Jagdhaus Wenckheim

Meine Brillengläser beschlugen, als wir die Hütte betraten und uns wohlige Wärme entgegenschlug. Edina, die junge Hausherrin, hieß uns herzlich willkommen und wies uns unsere Zimmer zu. Sie lebte und bewirtschaftete das im Besitz der Ipoly Erdő AG befindliche Jagdhaus zusammen mit ihrem Ehemann László. Die junge Familie genoss das abgeschiedene Leben hoch oben im Berg mit ihren beiden noch jungen Kindern und einem Hannoverschen Schweißhund. Edina war die Seele des Hauses. Sie war stets um uns besorgt und las uns jeden Wunsch von den Lippen ab. Dabei war sie nie aufdringlich, sondern eher zurückhaltend und unauffällig. Ihren Mann, einen Berufsjäger, bekamen wir fast nie zu Gesicht. Er kümmerte sich um die Heizung, die Wasserversorgung aus einer nahe gelegenen Quelle, und er versorgte die Kinder, wenn Edina in der Küche beschäftigt war. Unsere Zimmer waren einfach, aber gemütlich. Den Hausflur und den mit antiken Möbeln bestückten Wohnraum zierten zahlreiche Hirsch- und Rehbocktrophäen aus den 1930er-Jahren. An den Wänden hing das ein oder andere Bild mit Jagdmotiven, und dazwischen fanden sich immer wieder zeitgenössische Dokumente zur Geschichte des Jagdhauses.

Das Anwesen wurde ursprünglich von Graf Miklós Berchtold im Jahre 1905 zwischen den beiden gut 600 m hohen Erhebungen Kőember und Csurgo im südlichen Börzsöny-Gebirge errichtet und fortan als Jagdhütte genutzt. Das Adelsgeschlecht Berchtold besaß in dieser Gegend weitläufige Besitztümer. Hierzu gehörten neben 5.000 ha Ackerflächen um Nagyoroszi auch 3.600 ha Wald. Nach dem Tod des Grafen Mitte der 20er-Jahre verkaufte seine Witwe hiervon 2.200 ha Wald zusammen mit dem Jagdhaus an den Grafen József Wenckheim, genannt Graf Józsi. Auch er nutzte Wald und Hütte vorwiegend zur Jagd. Die Familie Wenckheim ist ein altes fränkisches Adelsgeschlecht. Ein Zweig der Familie etablierte sich im Königreich Ungarn und wurde dort unter der Herrschaft der Habsburger politisch und wirtschaftlich bedeutend. Bis zum Zweiten Weltkrieg gehörten die Wenckheims zu den reichsten Familien Ungarns. Die meisten Besitztümer lagen im Verwaltungsbezirk Békés im Südosten des Landes. Dort bewohnten sie das Schloss Wenckheim in Szabadkígyós.

Graf Józsi verfolgte in jungen Jahren eine diplomatische Karriere und diente in Wien, München, Paris und Sankt Petersburg. Im jungen Alter von nur 29 Jahren beendete er diese Karriere und widmete sich fortan vorwiegend der Verwaltung seiner Güter. Er kämpfte im Ersten Weltkrieg und wurde später Mitglied des ungarischen Oberhauses. Die Jagd gehörte zu den großen Leidenschaften des weltoffenen Grafen. Ihm war jedoch die Anreise von Békés ins 300 km entfernte Börzsöny-Gebirge zu zeitraubend und anstrengend. Wenigstens sechs Stunden war man damals mit dem Auto unterwegs. Kurzerhand erwarb der abenteuerlustige Graf ein Flugzeug, ließ auf dem Plateau der Csurgo-Erhebung mitten im Wald eine Landebahn bauen, engagierte den Pionier der ungarischen Luftfahrt István Dobos als seinen Privatpiloten und reiste von diesem Zeitpunkt an mit dem Flugzeug zu seiner Jagdhütte. 975 Pfund kostete ihn das dreisitzige, einmotorige Flugzeug der Marke Desoutter Mk.II. Es war das erste privat registrierte Flugzeug Ungarns und trug die Registriernummer H-MAAA (später G-ABDZ). Einer Legende zufolge warf der

Graf bisweilen vor seiner Landung einen Blumenstrauß für seine Frau über der Jagdhütte ab, um seine Ankunft anzukündigen. In späteren Jahren erlernte der Graf selbst das Fliegen. Er starb im Alter von 75 Jahren in Birkhadem in der Nähe von Algier in Algerien. Seine Landebahn ist auf alten Landkarten noch zu finden, in der Natur wird sie allerdings von der Vegetation zunehmend zurückerobert und ist nur noch in Teilen zu erkennen.

Das Abendessen war längst vorbereitet und sorgte für die notwendige Stärkung. Wir übten noch einmal unser Standkartensystem ein, tranken den ersten Wodka und stimmten uns auf vier Drückjagdtage im Schnee ein. Bevor sich Zoli auf den Heimweg machte, überreichte er noch jedem von uns ein kleines Heftchen mit Übersichten über die einzelnen Treiben und die üblichen Verhaltens- und Sicherheitsregeln auf Drückjagden in Ungarn. Auf den diversen Kartenausschnitten waren die einzelnen Treiben mit der jeweiligen Kennzeichnung der Schützenstände, der gefährlichen Schusskorridore sowie der Gehrichtung der Treiber eingezeichnet.

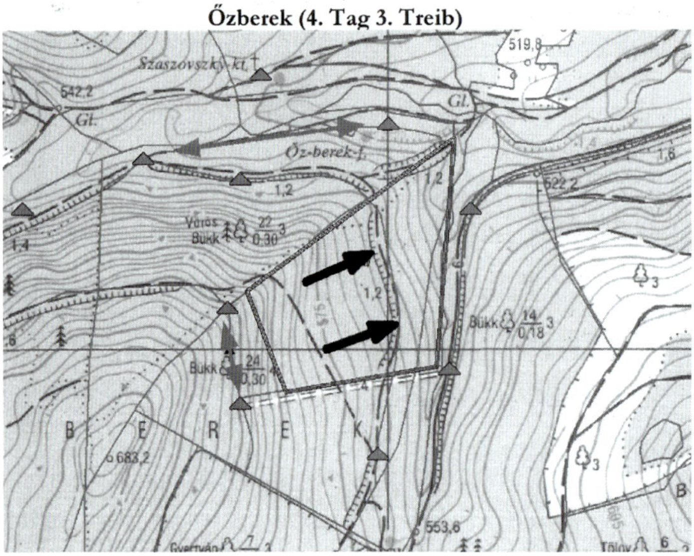

Jagdorganisation

Zoli wies uns darauf hin, dass in den kommenden Tagen vorwiegend auf Schwarzwild gejagt werde. Zudem seien Fuchs und Goldschakal ohne zusätzliche Abschusskosten frei. Die Gesellschaftsjagd auf Kahlwild sei in Ungarn nur auf kleineren Riegeljagden mit wenigen Treibern und ohne den Einsatz von Hunden erlaubt. Es könne aber dennoch sein, dass der Jagdleiter Rotwild freigeben werde, falls der Abschussplan noch nicht erfüllt sei. Dann müsse dies aber immer stillschweigend und unter der Hand erfolgen.

Riegeljagd, den Begriff kennen heute nicht mehr viele Jäger, geschweige denn dass sie jemals an einer teilgenommen haben. Revierübergreifende Ansitzdrückjagd ist die aktuell gängige Version unserer Gesellschaftsjagden auf Schalenwild. Möglichst viele Schützen, Treiber und Hunde, die das Revier einmal auf links drehen. Auf Sauen mag das ein geeignetes und notwendiges Mittel sein, aber auf Rotwild verursacht es enormen Stress für das Wild und verführt so manchen Jäger dazu, auch auf hochflüchtiges Kahlwild zu schießen, und das mit allen negativen Konsequenzen.

Beunruhigtes Kahlwildrudel (Foto: ©Xaver Klaussner/stock.adobe.com)

Wie oft schon habe ich den Finger gerade gelassen, wenn mich Rotwild mit vor Anstrengung heraushängendem Lecker angewechselt hat. Zu kleine Reviere, der Einsatz nicht geeigneter, hochläufiger oder still jagender Hunde und mangelndes Wissen über altbewährte Bejagungsformen des Rotwilds treiben gerade dort Auswüchse, wo nur die Größe der Strecke die Qualität einer Jagd ausmacht. In Ungarn wird diese effektive und schonende Form der Bejagung noch geachtet, praktiziert und vor allem auch gesetzlich vorgeschrieben. Nur wenige Treiber bewegen sich dabei leise und ohne Hunde durch das Revier und rühren das Wild vorsichtig an. Dieses nutzt dann oft seine gewohnten Wechsel, um sich der Unruhe zu entziehen. Genau an diesen Hauptwechseln werden die Schützen postiert und somit die Wechsel ge- bzw. verriegelt. Meist kommt das Wild dort langsam und sichert häufig, sodass es in Ruhe angesprochen werden kann und recht sichere Schüsse angetragen werden können. Bei dieser schonenden Jagdform stellt man häufig fest, dass das Rotwild schon am gleichen Abend wieder seine gewohnten Einstände einnimmt.

Lange vor der Morgendämmerung saßen wir am Frühstückstisch und konnten den Beginn der Jagd kaum erwarten. Zeitig mussten wir am Jagdhaus aufbrechen, um rechtzeitig zum Treffpunkt mit den örtlichen Jägern und Treibern zu gelangen. Herzliches Händeschütteln, ein kurzes „Jó napot!“ (Guten Morgen), „Szia!“ (Hallo) oder „Jó vadászatot!“ (Weidmannsheil), unsere Jagdsignale „Sammeln der Jäger“ und „Begrüßung“, von Klaus und Heinz auf den Hörnern geblasen, die offizielle Ansprache und Einweisung durch den Jagdleiter und endlich das erlösende Signal

„Aufbruch zur Jagd". Die Schneelage vereinfachte uns Schützen das Jagen erheblich. Viel früher war anwechselndes Wild zu erkennen. Mehr Zeit blieb, um rechtzeitig ansprechen zu können und sich auf die Schussabgabe vorzubereiten. Die meisten Anschüsse waren einfach zu finden und zu bewerten. Jede sichere Todsuche konnte auch ohne geeigneten Schweißhund schnell und einfach durchgeführt werden. Nur für die am Anschuss deutlich erkennbar schwierigen Nachsuchen musste ein Nachsuchengespann geordert werden. Das Ergebnis war bei einem für den ersten Tag guten Schussverhältnis eine ordentliche Strecke von 13 Sauen, die sich recht gleichmäßig auf die Gruppe verteilte. Wurde Kahlwild am ersten Tag noch freigegeben, so stand es die kommenden Tage nicht mehr auf dem Wunschzettel des Jagdleiters. „Auch gut", dachten wir, denn Schwarzkittel waren ausreichend da. In jedem Treiben steckten Sauen, und fast alle Schützen bekamen ihre Chancen. So kannten wir es schon aus dem Vorjahr in Kemence.

Zu meinem Frischling vom ersten Tag gesellten sich an den Folgetagen jeweils zwei weitere Sauen. Fünf Stück Wild an drei Jagdtagen waren eine gute Ausbeute, zumal ich nicht viele Möglichkeiten liegen ließ. Mit dem Blick auf die Geldbörse konnte man jetzt schon mal häufiger nach Rotröcken Ausschau halten.

Die Treiber waren schon lange nicht mehr zu hören, als ich von meinem Hochsitz auf dem Rückwechsel eines Treibens einen Fuchs ausmachen konnte. Völlig vertraut hatte er auf einem Stubben Posten bezogen und wartete auf Beute. Vom Stand aus waren es bestimmt über 100 m, und das Ziel selbst war bei 6-facher Vergrößerung verdammt klein, aber einen Versuch war es wert. Die Brüstung des offenen Hochsitzes ermöglichte mir eine sichere Auflage.

Kugelfüchse

Die Waffe fest eingezogen, und schon war der Schuss raus. Es riss den Rotrock buchstäblich vom Sitz, und am Abend lag er mit vier weiteren unterhalb von 22 Sauen auf der

Strecke. In Summe erlegten wir auf dieser Jagdreise insgesamt neun Kugelfüchse, eine wirklich außergewöhnliche und erwähnenswerte Ausbeute.

Zwar machte der Schnee das eigentliche Jagen einfacher, das Umsetzen von Treiben zu Treiben und das Angehen der Stände wurde jedoch mit erneut einsetzenden Schneefällen immer schwieriger. So kämpften wir uns Schritt für Schritt, bergauf und bergab, immer den Fußstapfen der Ansteller folgend, zu unseren Ständen. Es schneite unaufhörlich immer dickere Flocken vom Himmel. Die 20 cm hohe Schneedecke der Vortage wuchs und wuchs. Im ersten Treiben schneite ich auf einem Drückjagdbock ein, während mein Begleiter darunter hockte und Schutz vor Wind und Wetter suchte. Schnee und Eis hatten in kurzer Zeit alle Zwischenräume an meiner Waffe zugesetzt und eine hart gefrorene Schicht hinterlassen. Nur mit Mühe und nach längerem Wärmen der Waffe unter meiner Jacke ließ sich das Schloss endlich wieder öffnen, und ich konnte die Waffe entladen.

Auch für das Wild grenzwertig! (Foto: ©kyslynskyy/stock.adobe.com)

Meine Anstellgruppe arbeitete sich unter der Führung des Jagdleiters parallel zu einer kleinen Buchenverjüngung den Hang hinauf. Eine wenige Hektar große Fichtenschonung war Ziel des zweiten Treibens am letzten Jagdtag. Oberhalb des vermeintlichen Saueneinstandes angekommen, erhielt der drahtige und hochgewachsene Dirk, ein ehemaliger und inzwischen pensionierter Tornadopilot der Bundeswehr, den vorletzten Stand. Ich musste noch 100 m weiter und richtete mich etwa 30 m oberhalb der Dickung ein. Die Treiber sollten hangabwärts vorgehen und bildeten unmittelbar vor mir eine Linie, bevor sie mit lautem Getöse im Dickicht verschwanden.

Nur wenige Minuten nach Beginn des Treibens machte sich auf etwa 25 Gänge ein jüngerer Keiler hangaufwärts davon. Ein Schuss Richtung Treiben war unmöglich, wollte ich die Treiber doch nicht gefährden. Nur langsam schob sich die

Sau durch den tiefen Schnee. Unendlich lange dauerte es, bis sie den gefährlichen Schusskorridor zu meinem Nachbarn Dirk durchquert hatte. Aber dann sollte ein sicherer Schuss möglich sein. Ein Vorhalten war nicht notwendig, zu gering die Entfernung, zu langsam die Sau. Ich fuhr auf dem Blatt mit, und schon schallte der Schuss laut ins Tal hinab. Das Schwein brach im Knall zusammen und zeigte nicht einmal mehr ein kurzes Schlegeln. Eigentlich war ich mit meiner bisherigen Strecke zufrieden und hatte mir vorgenommen, mich am letzten Tag etwas zurückzuhalten. Aber mit dem Jagdleiter im Rücken war dies nur schwer möglich. „Gut", sagte er und deutete nur wenig später nach links. Hundegeläut näherte sich, und drei stärkere Frischlinge wechselten genau auf meinen Stand zu. Ich wartete ab, bis sie nach links abdrehten und mir ihre Breitseite zeigten. Doch den ersten Schuss beantworteten die drei mit schneller werdender Flucht. Jetzt hatte ich den Beschossenen nur noch schräg spitz von hinten. „Aber der erste Schuss musste doch gesessen haben?!", dachte ich. Verzweifelt warf ich trotz des ungünstigen Winkels einen zweiten Schuss hinterher. Ich schaute meinen Begleiter fragend an, aber auch dieser zuckte nur mit den Schultern.

Mein Nachbar Dirk kam ebenfalls zweimal zu Schuss, während ich mich über die möglicherweise verpasste Chance grämte. „Achtung!", flüsterte der Jagdleiter energisch. Der vermeintlich verendete Keiler hatte sich unerwartet wieder aufgemüdet und rutschte den Hang hinunter Richtung Dickung. „Wahrscheinlich ein Krellschuss", ging es mir durch den Kopf. Ich bemühte mich, einen Fangschuss auf den Kranken loszuwerden, aber erst kam Dirk, dann einige kleinere Fichten, und schließlich verpasste ich die Möglichkeit. Frustriert warteten wir das Ende des Treibens ab. Zunächst kümmerten wir uns um den Frischling. Schnell fanden wir den Anschuss und eine stetige Schweißfährte. Gut 150 m hatte die Sau noch gemacht, sich unter einen Wurzelteller eingeschoben und war dort mit einem mittigen Schuss verendet. Wir markierten die Stelle für den Bergetrupp und stapften zurück. Deutlich konnten wir die Rutschspur des Keilers im Schnee ausmachen. Aber nur hier und da war Schweiß in der Fährte zu erkennen.

Dirk war inzwischen zu uns gestoßen und berichtete, dass er ebenfalls einen Keiler beschossen habe, der sich noch in die Dickung retten konnte. Ungeduldig deutete er an, dass er den Sauen nachgehen wolle. Der Jagdleiter legte ihm nahe, auf einen Nachsuchenführer mit Hund zu warten. Aber Dirk war nicht zu bremsen. Mit schussbereiter Waffe stieg er den Sauen hinterher. Der Ungar runzelte die Stirn. Nicht umsonst erfolgt bei jeder gut organisierten Drückjagd der Hinweis: Keine Nachsuchen auf eigene Faust!! Viel zu groß ist die Gefahr, dass das kranke Wild zu früh wieder aufgemüdet wird und bis zum Ende seiner Kräfte die Flucht fortsetzt. Viel zu groß ist aber auch die Gefahr, dass es zu gefährlichen Situationen mit wehrhaftem Wild kommt. Nur wenige Meter noch konnten wir den Wagemutigen in der Dickung erkennen, dann verschlang ihn das zugeschneite Unterholz. Die Sicht im Inneren der Fichtenschonung war auf wenige Meter begrenzt. Doch hinter einem kleinen Anwurf erahnte Dirk einen dunklen, borstigen Knubbel. Die kranke Sau schien sich dort eingeschoben zu haben. Aber wo nur war vorn und wo hinten? Er konnte keinen Kopf sehen. Vorsichtig änderte er seine Position, und als der Wurf in Anschein kam, drückte er aus wenigen Metern Entfernung ab. Während uns der Schuss noch durch die Glieder fuhr, hörten wir Dirk fassungslos schreien: „Das gibt es doch nicht! Jetzt geht mir die Sau auch noch laufen!" Tatsächlich machte sich nach dem Fangschuss eine Sau aus dem Staub. Aber die Überraschung war groß, denn eine zweite blieb im Feuer liegen. Offensichtlich hatten sich beide Sauen schwer getroffen zusammen in ein Wundbett gedrückt. Wir waren heilfroh, dass Dirk nichts passiert war und zumindest eine der beiden Sauen zur Strecke gekommen war. Die zweite wurde am späten Nachmittag professionell nachgesucht und lag am Abend ebenfalls auf der Strecke.

Aber bis zum Halali war es noch etwas hin. Das letzte Treiben stand noch aus. Es sollte ein besonders gutes werden, und die Ungarn wollten es partout durchführen.

Gemeinsam durch die weiße Hölle

Der Schnee hatte sich inzwischen auf über einen halben Meter aufgetürmt. Ständig fuhren sich unsere Fahrzeuge fest und mussten mit vereinten Kräften aus den Schneemassen geschoben werden. Von unserem Ausgangspunkt aus bewegte sich meine Anstellgruppe stetig bergab. Wir waren sicher schon 20 Minuten unterwegs und hatten mehrere Hundert Meter zurückgelegt. Nur noch zwei Stände fehlten, und das Treiben könnte endlich beginnen.

Klaus und ich hatten das Summen des Handys zunächst gar nicht vernommen, aber unser Ansteller hielt abrupt inne und begann hektisch in sein Telefon zu flüstern. Dann die Ansage: „Die Jagd wird abgebrochen!" Natürlich war die Entscheidung absolut folgerichtig, aber hätte das nicht früher angeordnet werden können? Klaus und ich schauten mit Sorgenfalten auf der Stirn den Hang hinauf. Verzweifelt fragten wir, ob es nicht möglich sei, weiter bergab bis zum nächsten Weg zu gehen. Aber der Ungar winkte ab. Keine Chance, der Weg wäre viel zu weit. Wir benötigten die doppelte Zeit, um wieder zu unseren Fahrzeugen zurückzukommen und waren mit unseren Kräften völlig am Ende.

Nach dem Abendessen zog ich mich in den Wintergarten unserer Jagdhütte zurück, um eine Zigarette zu rauchen. Draußen war es bitterkalt, und der nachträglich angebaute Raum erwies sich als ein geeigneter Ort, um eine kurze Auszeit zu nehmen. In der ehemaligen Außenwand des Hauses befand sich zwischen zwei braven Hirschgeweihen eine verwitterte Natursteinplatte mit einer Darstellung des heiligen Hubertus samt Hirsch und Kreuz im Geweih. Ich dankte, so wie es 100 Jahre zuvor sicher schon die alten Hausherren getan hatten, unserem Schutzpatron für die erfolgreiche Jagd und dafür, dass bei dieser extremen Witterung keiner von uns zu Schaden gekommen war. Das Jagdhaus Wenckheim hatte ich inzwischen fest in mein Herz geschlossen, und alle zukünftigen Unterkünfte hatten es schwer, einem Vergleich standzuhalten. Dies ging aber wohl auch schon anderen so. In dem Buch „Die Genossen des Erymanthischen Ebers" des Kölner Zahnarztes Dr. Georg Meyer findet sich im Kapitel „Der Gams-Keiler" ebenfalls eine Abbildung der Jagdhütte. Sie war im Januar 1968 Ausgangspunkt für eine seiner vielen Jagden und Erfolge auf kapitale Keiler. Gut, dass es für mich am nächsten Tag kein endgültiger Abschied sein würde, da ich drei Jahre später noch einmal im Jagdhaus Wenckheim logieren durfte, um im wilden Börzsöny-Gebirge zu jagen.

Jagd:	Drückjagd auf Schwarzwild
Ort:	Börzsöny-Gebirge, Ungarn
Revier:	Diósjenő, 3.450 ha
Datum:	Januar 2013
Strecke:	60 Sauen, 9 Füchse
Anzahl Schützen:	11
Schussverhältnis:	1 : 2,3
Vermittler:	Nagyvad Hunting GmbH

©pellephoto/stock.adobe.com

Gundel

Bereits Ende Juni 2014 schien unsere für den darauffolgenden Dezember geplante Jagdreise in trockenen Tüchern zu sein. Unser ungarischer Freund und Vermittler Zoli konnte uns aufgrund seiner guten Beziehungen wieder das Revier Diósjenő aus dem Vorjahr sichern. Zu meiner großen Freude sollte auch das Jagdhaus Wenckheim erneut Ausgangspunkt unserer viertägigen Drückjagd im ungarischen Börzsöny-Gebirge sein. Der Vertrag war unterzeichnet und eine erste Anzahlung getätigt. Jetzt konnten wir uns fünf Monate lang entspannt auf unserer Reise freuen, dachten wir zumindest.

In den letzten Novembertagen herrschte im Norden Ungarns eine anhaltende Inversionswetterlage. Kalte Luft aus dem Osten in Bodennähe und feuchtwarme Luft aus dem Westen in höheren Schichten trafen aufeinander und führten zu einer intensiven Raureifbildung in Höhenlagen oberhalb von 400 m über NN. Anfang Dezember setzte dann beständiger Nieselregen und später gar tagelang andauernder und ergiebiger Starkregen ein. Bei Temperaturen um den Gefrierpunkt bauten sich an Zweigen, Ästen und Bäumen zentimeterdicke Eisablagerungen auf. Diese waren bis zu 10 cm stark und ließen bei zunehmendem Wind fahnenartige Ablagerungen von über 25 cm Länge entstehen. Die Bäume mussten enorme zusätzliche Lasten tragen, denen sie vielerorts nicht mehr standhalten konnten. Es kam zu den gewaltigsten und verheerendsten Eisbruchschäden der letzten 50 Jahre in Ungarn. Astbrüche, Stammbrüche, Kronenbrüche und dazu noch ein kaum gefrorener Boden, der einzelne Bäume, aber auch ganze Bestände wie Mikado-Stäbchen in sich zusammenbrechen ließ. Straßen waren unpassierbar, und die Rettungskräfte befanden sich im Dauereinsatz. Das Jagdhaus Wenckheim war von der Außenwelt abgeschlossen und tagelang nicht erreichbar. Alle betroffenen Wälder wurden für die Öffentlichkeit gesperrt. An eine Jagd im besonders heimgesuchten Revier Diósjenő war von jetzt auf gleich nicht mehr zu denken.

Zoli informierte uns umgehend und schickte unzählige Fotos von diesem schrecklichen Inferno. Am Ton seiner Stimme und an den geschriebenen Zeilen konnten wir ablesen, dass ihm die enormen Schäden an der Natur die Tränen in die Augen trieben. Bis zu unserer Abreise am 11. Dezember waren nur noch wenige Tage Zeit. Zoli bemühte sich vor Ort händeringend um Ersatzreviere. Eigentlich ein aussichtsloses Unterfangen, denn alle Jagden waren längst verplant und an andere Gruppen vergeben oder sollten von örtlichen Jägern durchgeführt werden.

Die Suche gestaltete sich auch deshalb schwierig, weil nur Reviere infrage kamen, die unterhalb von 400 m über NN lagen. Nur dort waren die Schäden nicht so gravierend und die Wälder noch frei zugänglich.

Eisbruch in den Wäldern des Börzsöny

Wenige Tage vor unserer Abreise sah die von ihm präsentierte Notlösung vor, dass wir in drei unterschiedlichen Revieren jagen sollten. Am ersten Tag war ein kleines Revier der Ipoly Erdő AG in der Nähe der Ortschaften Litke und Nógrádszakál bereit, uns ihren Jagdbezirk zur Verfügung zu stellen. An den beiden Folgetagen konnte ein Revier in der Umgebung der Orte Szügy und Iliny einspringen. Beide lagen östlich des Börzsöny-Gebirges in der Nähe der slowakischen Grenze. Am letzten Jagdtag wollte uns Zoli dann in seinem eigenen, etwas weiter südlich gelegenen Revier in Magyarnándor begrüßen. Wir mussten eine schnelle Entscheidung treffen, wenn wir nicht ganz auf die Jagdreise verzichten wollten. Unsere inzwischen gewachsene Beziehung zu Zoli gab schließlich den Ausschlag. So, wie er sich ins Zeug gelegt hatte, uns trotz aller Umstände noch eine Jagd zu ermöglichen, war an eine Absage nicht zu denken. Und außerdem waren alle bisher von ihm geplanten Jagden ausgesprochen gut verlaufen. Natürlich fiel auch unsere Unterbringung im Jagdhaus Wenckheim den Umständen zum Opfer, äußerst schade, aber nicht anders machbar.

Wie erwartet, konnte die Ersatzunterkunft nicht mit dem Jagdhaus Wenckheim mithalten. Die Pension war eher modern und der in einem separaten Gebäude untergebrachte Speiseraum von recht kühler, eher ungemütlicher Natur. Die lange Theke hätte einiges wettmachen können, aber ein mürrischer Wirt machte auch diese Hoffnung zunichte. Auch die vorgesehenen Reviere präsentierten sich völlig anders, als wir dies von den bisher von uns bejagten Revieren Kemence und Diósjenő kannten. Die Reviergrößen waren viel kleiner und hatten bei Weitem keinen so hohen Waldanteil wie im Inneren des Börzsöny-Gebirges. Wir jagten vorwiegend in kleineren Waldkomplexen, die von großen Ackerschlägen umgeben waren.

Zum Verdruss der örtlichen Jäger waren viele dieser Flächen noch nicht abgeerntet. Ganze Maisschläge konnten aufgrund des ungewöhnlich nassen Herbstes nicht eingefahren werden und boten dem Schwarzwild noch im Dezember einen reich gedeckten Gabentisch. Die Wildschäden wuchsen von Woche zu Woche. Die Temperaturen lagen weit über dem Gefrierpunkt, und folglich hatten sich die Sauen noch nicht in die Wälder zurückgezogen und zu größeren Rotten zusammengeschlossen. So geriet die Jagd eher zu einer Suche nach der berühmten Nadel im Heuhaufen. Lagen die Schwarzkittel im Mais, gingen wir leer aus. Hatten sie sich in die Wälder zurückgezogen, hatten wir Glück und konnten aus kleineren Rotten die ein oder andere Sau strecken. Das funktionierte am ersten Jagdtag mit einer Strecke von neun Sauen noch ganz gut. Die beiden Folgetage waren dann mit vier und sechs Sauen eher weniger erfolgreich. Aber vielleicht waren wir in den beiden Jahren zuvor auch zu sehr verwöhnt worden? Uns war durchaus bewusst, dass diese hohen Strecken nicht das Normalmaß waren und wir jetzt, auch aufgrund der äußeren Umstände, auf den Boden der Tatsachen zurückgeholt wurden.

Das warme Wetter machte die Jagd beschwerlich. Das schlammige Geläuf forderte Mensch und Maschine, aber auch der Jagdorganisation alles ab. Trotz unserer Fahrzeuge mit Allradantrieb und grobem Reifenprofil fuhren wir uns mehr als einmal fest und nötigten den Jagdleitern einiges an Improvisationstalent ab, um die Jagd zügig fortsetzen zu können. Beim Angehen der Stände wuchsen unsere Schuhgrößen in nicht bekannte Dimensionen, und die zweite wärmende Jacke konnte getrost in der Unterkunft bleiben.

Schon wieder festgefahren!

Leider verteilten sich auch die sich uns bietenden Chancen nicht gleichmäßig. Das war eigentlich bei einer deutlich geringeren Gesamtzahl an Möglichkeiten auch zu erwarten, war aber auf dieser Reise besonders ausgeprägt. Nach den ersten Jagdtagen hatten Wolfgang und Willi schon fünf bzw. drei Sauen und ein Alttier liegen. Der Rest der Gruppe tat sich eher schwer. Ich selbst gab auf dieser Reise insgesamt nur zwei Schüsse auf eine einzige Sau ab, dies aber Gott sei Dank erfolgreich. Der Lauf von Heinz blieb bis zum Schluss der Jagd kalt, und er musste als Schneider nach Hause fahren. Trotz alledem blieb die Stimmung innerhalb der Gruppe nach wie vor gut, zu sehr genossen wir es, gemeinsam zu jagen.

Am vierten Jagdtag begrüßte uns Zoli endlich in seinem „eigenen" Revier. Wir waren schon sehr gespannt, hatte er doch viel über dieses besondere Engagement berichtet. Zur Bewirtschaftung der Jagd rund um seinen Heimatort Magyarnándor hatten sich vor Jahren die örtlichen Jagdgenossen zur Tókerti Jagdgesellschaft zusammengeschlossen und Zoli zu ihrem Vorsitzenden gewählt. Neben ihm arbeiteten inzwischen zwei weitere Jäger hauptberuflich in diesem 3.666 ha großen Revier.

Der Kern des Reviers bestand aus etwa 1.000 ha zusammenhängendem Wald mit einigen lang gestreckten, ruhigen Wiesentälern. Umgeben wurde der Wald von weitläufigen Ackerflächen, die durch zahlreiche verwilderte Gärten, aufgegebene Weinberge sowie einige Schilfflächen aufgelockert wurden. Beileibe ein von Natur aus ideales Rotwildrevier, das durch großflächige Wildäcker mit einer Gesamtfläche von fast 150 ha und zahlreiche Fütterungen bereichert wurde. Inzwischen schätzte Zoli den Rotwildbestand auf etwa 70 Stück. Stolz berichtete er, dass im Jahre 2007 in seinem Revier ein Hirsch von 11 kg Geweihgewicht erlegt wurde. Aber auch unser eigentliches Ziel, das Schwarzwild, fühlte sich bei diesem üppigen Äsungsangebot sichtlich wohl und war in einer Anzahl von nahezu 140 Stück im Revier vorhanden.

Die Jagd in Magyarnándor setzte sich jedoch so zäh fort, wie wir es schon an den vergangenen Tagen erlebt hatten. Umso mehr genossen wir zur Mittagspause Zolis Gastfreundschaft und hatten keine große Eile, die Jagd fortzusetzen. Unweit des Dorfes hatte Zoli am Waldrand mehr oder weniger in Eigenleistung über einige Jahre hinweg das Jagdhaus Steinberger Nimród errichtet. Idyllisch gelegen, bot dieses stilvolle Haus aber leider nur einer begrenzten Anzahl an Jägern Platz und war deshalb vorwiegend als Ausgangspunkt für Einzeljagden gedacht und für einen mehrtägigen Aufenthalt einer größeren Drückjagdgruppe ungeeignet. Vor dem Eingang erwartete uns ein großer Topf mit schmackhaftem Szeklerkraut (Székelykáposzta), das wohl schon einige Zeit über dem offenen Feuer schmorte. Das auch als Ungarisches oder Szegediner Gulasch bekannte Nationalgericht ist weniger ein Gulasch als viel-

Zolis Jagdhaus Steinberger Nimród

mehr ein Eintopf aus Sauerkraut und Schweinegulasch. Auch hat das Gericht seinen Ursprung nicht in der ungarischen Stadt Szeged, sondern ist nach dem Budapester Bibliothekar János Székely benannt. Dieser war im 19. Jahrhundert mit dem berühmten ungarischen Dichter Sándor Petőfi befreundet und wies einst zu später Stunde den Wirt einer kleinen Kneipe in Pest an, die noch in der Küche befindlichen Reste von Sauerkraut und Schweinegulasch zu kombinieren. Beide fanden diese Kombination, verfeinert mit einem Schuss Sauerrahm, äußerst schmackhaft und fortan orderte Petőfi das Gericht unter dem Namen „Das, was Székely bestellt hat". Wir ließen es uns auf alle Fälle schmecken und hatten beinahe schon mit der Jagd abgeschlossen.

Szegediner Gulasch alias Szeklerkraut (Foto: ©Kudar/stock.adobe.com)

Mit einer Gesamtstrecke von 26 Sauen und einem Stück Rotwild waren wir unter den gegebenen Bedingungen zufrieden. Die Verteilung innerhalb der Gruppe blieb allerdings bis zum Ende ungleichmäßig. Das Jagdglück von Wolfgang und Willi setzte sich, gepaart mit ihren guten Schießfertigkeiten, ungemindert fort, und die beiden erlegten fast die Hälfte der Strecke. Wir gönnten es unseren Jagdkameraden von Herzen, waren aber auch ein wenig traurig, dass uns selbst das Jagdglück nicht ganz so hold war.

Unser Rückflug war erst für den frühen Abend angesetzt, sodass wir noch ausreichend Zeit hatten, einen kulturellen Schlusspunkt unter die Reise zu setzen. Das Landwirtschaftsmuseum in der Burg Vajdahunyad im Zentrum von Budapest war unser Ziel. Die 1896 erbaute Burg liegt auf einer künstlichen Insel im Stadtwäldchen unweit des Heldenplatzes. Seit 1907 beherbergt sie das Ungarische Landwirtschaftsmuseum, das sich unter anderem der Fischerei, dem Weinbau, der Viehzucht und natürlich der Jagd widmet.

Eindrucksvoll wird anhand von unzähligen Ausstellungsstücken die Geschichte der Jagd in Ungarn aufbereitet. Urkunden, Bilder, Gemälde sowie zahlreiche alte Jagdwaffen und -utensilien zeigen den Wandel der Jagd vom Mittelalter bis

Ungarisches Landwirtschaftsmuseum Budapest (Foto: ©Özgür Güvenç/stock.adobe.com)

in die Neuzeit. Die absolute Krönung und das Heiligtum der Ausstellung ist jedoch die imposante Trophäenhalle. Der große Prunksaal hängt bis unter die hohe Kuppeldecke voll mit Rothirsch- und Damhirschgeweihen, Keilerwaffen, Muffelschnecken und Rehgehörnen. Alle Trophäen sind wenigstens mit Goldmedaillen ausgezeichnet worden, manche von ihnen waren oder sind sogar aktuelle Weltrekordtrophäen. Hirschgeweihe über 14 kg, Damschaufler über 5 kg, Keilerwaffen über 25 cm, Schnecken mit einer Länge von über 100 cm und Rehgehörne über 750 g, das war in dieser ganzen Fülle und prachtvollen Aufmachung schon sehr beeindruckend. Natürlich können derartige Ausstellungen, je nachdem, wie man sie betrachtet, schnell die Grenze zum Trophäenkult überschreiten. Und natürlich ist dieser in unserer heutigen Zeit längst nicht mehr zeitgemäß. Schon gar nicht, wenn Sucht und Gier nach dem Außergewöhnlichen zur krankhaften Triebfeder auf der Suche nach Selbstbestätigung werden. Sucht macht arm, da man im Zustand der

Sucht nicht mehr in der Lage ist, das Kleine und Schöne zu sehen. Dennoch stellen solche Trophäenschauen unbestritten ein kulturelles und deshalb ausstellungswürdiges Erbe dar. Sie zeigen, zu was die Natur fähig ist, wenn man sie nur gewähren lässt. Ich persönlich mache mir recht wenig Gedanken über die Stärke meiner Jagdtrophäen. Jede von ihnen, vom Knopfbock bis zum Sechser, vom Spießer bis zum reifen Kronenhirsch, aber auch von der kleinen Malerfeder bis zum glänzenden Fuchsbalg, hat für mich ihren besonderen Wert. Jede von ihnen ist mit einem einzigartigen Jagderlebnis verbunden, und jede von ihnen findet einen gebührenden Platz an den Wänden meines Zuhauses. Dem Tier selbst ist es letztlich egal, ob es eines natürlichen Todes, durch den Schuss eines einheimischen Berufsjägers oder den eines zahlenden Jagdgastes aus dem Ausland stirbt. Solange Wild unter natürlichen Bedingungen aufwachsen durfte und schließlich weidgerecht gejagt wurde, ist der Stolz des Erlegers über seine Trophäe, ob gering oder kapital, ob zu Hause oder im Ausland erjagt, legitim.

Beeindruckt von dieser außergewöhnlichen Ausstellung, wurden unsere Beine zunehmend schwerer, und gegen Mittag regte sich bei einigen allmählich der Hunger. In den beiden Jahren zuvor hatten wir auf dem Rückweg nach Budapest in einem Gasthof an der Donau zu Mittag gegessen. In diesem Jahr hatten wir Zoli gebeten, für uns in der Stadt ein nettes, kleines Restaurant zu suchen. Doch diese Bitte musste er etwas falsch verstanden haben. Vielleicht hatte er das Restaurant Gundel aber auch aufgrund seiner Lage im Stadtwäldchen, unweit des Museums, ausgewählt. Wie auch immer, das Gundel hat in Budapest einen legendären Ruf. Hier haben im Laufe der Jahrzehnte viele gekrönte Häupter wie Königin Elisabeth II. und Albert II., Fürst von Monaco, aber auch politische und kirchliche Größen wie Hillary Clinton und Papst Johannes Paul II. gespeist.

Weltrekordtrophäe

Nun standen wir unrasiert und teils in Jagdklamotten gehüllt vor dem Eingang dieses noblen Restaurants. Dieses wurde nach Karl Gundel benannt, der es im Alter von nur 25 Jahren noch unter dem Namen „Wampetich“ übernommen hatte und erst 1945 umbenannte. Karl Gundel hatte in vielen Gourmet-Tempeln Europas gelernt und war bekannt für sein geniales Händchen bei der Kreation neuer Gerichte, wie etwa dem Gundel-Palatschinken. Er bereicherte die ungarische Küche grundlegend und machte sein Restaurant über die Landesgrenzen hinaus bekannt. Auch wenn der Stern des Restaurants inzwischen schon etwas verblasst war, so war das Gundel immer noch eine der feinsten Adressen in Budapest. Im runden Foyer entledigten wir uns unserer schweren Jagdjacken und wurden vom Maître d'hôtel in den Speisesaal geführt. Der große, auf zwei Ebenen angelegte Saal im Stil der Jahrhundertwende bestach durch seine edle Einrichtung. Feudale Jugendstilleuchten erhellten den Raum, eine große Porzellanvase mit einem üppigen Rosenbukett thronte in der Mitte des Saales, lange, helle Seidenvorhänge zierten die hohen Fenster, die Tische waren fein mit edlem Silber eingedeckt. Unsere Profilsohlen hinterließen deutliche Abdrücke auf dem hellen, mit dem Gundel-Logo aus zwei stilisierten Elefanten versehenen Teppichboden.

Restaurant Gundel in Budapest

Noch herrschte gähnende Leere. Wir waren die ersten Gäste, und das ganze Service-Personal stand Spalier, als wir zu unserem Tisch geleitet wurden. Vom gusseisernen Topf über dem offenen Feuer hin zu diesem vornehmen, fast schon erhabenen Ort, vom deftigen Szeklerkraut zur feinen Gänseleberpastete, welch Kontrast! Einigen von uns war durchaus anzumerken, dass sie sich nicht wirklich wohlfühlten. Zum Glück füllte sich das Restaurant zusehends, was verhinderte, dass jeder von uns direkt von zwei Kellnern bedient wurde. Das ein oder andere Bier nahm zunehmend die Spannung, und das Gefühl schwand, sich vornehm zurückhalten zu müssen. Nun waren wir schon mal hier und wollten daher dieses besondere Ambiente auch in vollen Zügen genießen. Wir schlemmten vorzüglich, lauschten der Kapelle, die mit ungarischen Volksliedern aufwartete, und schwelgten in der Nostalgie vergangener Glanztage dieses Restaurants. Die Preise waren für osteuropäische Verhältnisse deftig, und so entsprach die Rechnung dem Abschuss von fünf Sauen, so die einfache Mathematik unserer Jagdgruppe. Aber das war es wert, und der Restaurantbesuch blieb ein besonderer, unvergesslicher Moment im Rahmen einer von Beginn an ungewöhnlichen Jagdreise.

Jagd:	Drückjagd auf Schwarzwild (und Rotwild)
Ort:	Landkreis Nógrád Kreis Balassagyarmat, Ungarn
Revier:	*1. Jagdtag:* Litke + Nógrádszakál (Grenzregion Slowakei) *2. + 3. Jagdtag:* Szügy + Iliny (Grenzregion Slowakei) *4. Jagdtag:* Magyarnándor 3.665 ha (1.000 ha Wald)
Datum:	Dezember 2014
Strecke:	1 Stück Rotwild, 26 Sauen
Anzahl Schützen:	11
Schussverhältnis:	1 : 3,2
Vermittler:	Nagyvad Hunting GmbH

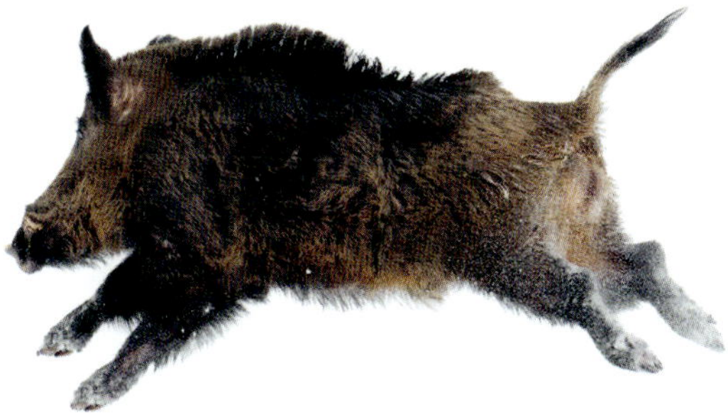

©Richard Semik/stock.adobe.com

Erblindet

Mit Willi und Klaus hatten zwei Jäger aus dem Kern der Gruppe ihre Teilnahme an unserer im Januar 2016 anstehenden Drückjagdreise nach Ungarn abgesagt. Das war ungewöhnlich und heizte die immer wieder aufkeimende Diskussion über eine dauerhafte Ergänzung der Gruppe durch neue, möglichst jüngere Mitglieder an. Die Zeit stand natürlich nicht still, und der ein oder andere der Stammgruppe hatte die Siebzig schon überschritten oder zumindest fest im Visier. Die Gefahr, die geforderte Gruppenstärke nicht mehr erreichen zu können und deshalb eine gesamte Reise absagen zu müssen oder gar nicht erst buchen zu können, wuchs. Jüngeren Alters seiend, menschlich und jagdlich zu uns passend sowie bereit, Jahr für Jahr eine solche Reise anzutreten, das waren die maßgeblichen Kriterien für unsere Suche. Auch das Zusammenlegen mit anderen Gruppen, die unter ähnlichen Problemen litten, hatten wir bereits erwogen. Selten waren wir bei unseren Bemühungen erfolgreich, aber für die anstehende Reise nach Ungarn konnten wir mit Stephan, Björn und Peter drei „Neulinge“ motivieren, sich unserer Gruppe anzuschließen. Mit Klaus ging uns natürlich auch derjenige verloren, der die Organisation unserer bisherigen Reisen übernommen hatte und sich vor Ort um alles kümmerte. Uli und ich übernahmen seine Aufgaben und bemühten uns, die gleiche Gelassenheit wie Klaus an den Tag zu legen. Uli regelte die Buchungen von Jagd und Flug und hielt regelmäßigen Kontakt zu unserem Vermittler Zoli. Gemeinsam informierten wir die Gruppe über alles Wesentliche, und vor Ort übernahm ich die offiziellen Ansprachen und Danksagungen im Rahmen der Jagd. Um es vorwegzunehmen, die Arbeit macht Spaß, ist aber auch mit Mühen verbunden und kann durchaus knifflig werden, wenn nicht alles wie gewünscht verläuft.

Unsere Reise führte uns nun schon zum vierten Mal ins Börzsöny-Gebirge. Wie in den Jahren zuvor äußerten wir zwar Wünsche, mussten die Revierauswahl aber letztlich wieder Zoli überlassen. Er konnte eben nur die Reviere vermitteln, die zum gewünschten Zeitpunkt tatsächlich zur Verfügung standen. Dieses Mal begannen wir in Zolis Heimatrevier in Magyarnándor, es folgten zwei Jagdtage in dem uns bisher unbekannten Revier Vác, und am letzten Jagdtag waren wir noch einmal in Diósjenő zu Gast. Alle Reviere lagen im südöstlichen Teil des Börzsöny, und so bestand zu meiner Freude für uns die Möglichkeit, wieder im Jagdhaus Wenckheim zu logieren. Auch Edina schien sich zu freuen, bekannte Gesichter in ihrem Haus bewirten zu dürfen.

Für mich begann die Jagd ernüchternd. Zwei Überläufer passierten mich im ersten Treiben in vollem Tempo durch einen lichten Hochwald, und ich semmelte gleich zweimal vorbei. Kein guter Start, und nach einem recht ereignisarmen zweiten Treiben kam es im dritten noch schlimmer.

Rückwechsel (Foto: ©Regina/stock.adobe.com)

Auf dem Rückwechsel bezog ich meinen Stand auf einem Hochsitz. Von diesem hatte ich zwar Rundumsicht, aber die Bewegungsfreiheit war durch schmale Schießluken derart eingeschränkt, dass ich nur im Sitzen und aufgelegt schießen konnte. Der Sitz lag unmittelbar am Weg entlang einer Dickung. Jenseits des Weges grenzte eine steil ansteigende, recht offen einsehbare Junganpflanzung an. „Was sollte hier schon über den Weg wechseln?", waren meine ersten Gedanken. Das Wild würde doch viel eher die Flucht in den beidseitig bewaldeten, dichteren Bereichen des Weges wählen. Aber diese lagen leider für mich außerhalb einer vertretbaren Schussentfernung. So konnte ich früh im Treiben ein Rudel Rotwild beobachten, das in etwa 180 m Entfernung den Weg sichernd querte. Ich drehte die Vergrößerung meiner Visierung auf 6-fach hoch. Vielleicht verhoffte ja mal ein Stück passend und auf kürzerer Entfernung. Je länger das Treiben dauerte, desto weniger rechnete ich noch mit einer Möglichkeit, und ich wurde immer unkonzentrierter. Viel zu spät machte ich den Keiler aus, der auf kurzer Distanz zu meinem Sitz aus dem Treiben über den Weg wechselte. Im Troll schob er sich durch die Anpflanzung. Zeit war genug, um nicht hektisch, sondern besonnen zu reagieren. Glas wieder runterdrehen, die Sau aufnehmen und in Ruhe abdrücken. Aber nein, mit 6-facher Vergrößerung, viel zu schnell und nervös versuchte ich mein Glück. Gleich vier Schüsse verfehlten ihr Ziel. Das durfte einfach nicht wahr sein, ich ärgerte mich maßlos über mein Unvermögen. Nur wenig später querte oben im Hang, auf gut 160 m, eine ebenfalls starke Sau die Anpflanzung. Sie schien nicht rund zu laufen, und immer wieder verhoffend, machte sie mir einen kranken Eindruck. Vom Hochsitz aus hätte ich es eigentlich probieren müssen, zumal ich davon ausging, dass die Sau Schuss hatte. Aber ohne Selbstvertrauen ließ ich die Möglichkeit liegen. Verzweifelt versuchte ich nach dem Treiben, die Fluchtfährten der beiden Sauen auszugehen, aber vergeblich. Ich fand einfach keinen Schweiß und wurde schließlich von Zoli abgerufen. Die anderen machten es besser, und am Ende des Tages lagen 18 Sauen und zwei Stück Rotwild auf der Strecke.

Hatte Klaus schon immer Statistik betrieben, so bemühten wir uns, dies noch weiter zu verfeinern. Vielleicht haben wir es ein wenig übertrieben, aber mit etwas Abstand waren die Auswertungen durchaus interessant. Wir notierten von Treiben zu Treiben nicht nur die Strecke und die abgegebenen Schüsse der einzelnen Jäger, sondern auch Art und Anzahl des angetriebenen Wildes und die tatsächlichen Chancen eines jeden von uns, Strecke zu machen.

Statistik

Wir sollten an den vier Jagdtagen insgesamt 192 Schüsse (inklusive zehn Fangschüssen) abgeben. Bei einer Gesamtstrecke von 58 Sauen, elf Stück Rotwild und drei Füchsen ergab sich ein Schussverhältnis von 1 : 2,67 oder, um die Fangschüsse bereinigt, eines von 1 : 2,53. Uns wurden 300 Sauen, 162 Stück Rotwild, 56 Rehe, 26 Füchse und eine Wildkatze angetrieben. Mögliche Doppelzählungen waren in diesen Zahlen allerdings enthalten. Aussagekräftiger sollten deshalb vielmehr die Anzahl und das Ausnutzen der tatsächlichen Möglichkeiten sein, die sich den einzelnen Schützen boten. Sie sagen viel über die Qualität eines Reviers und der Jagd selbst aus. Ein ausreichend hoher Wildbestand ist zwar Grundvoraussetzung für eine erfolgreiche und gute Jagd, aber kein Garant. Hierfür ist vielmehr noch eine versierte Jagdorganisation und -durchführung vonnöten, und dies ist bei einer begrenzten Anzahl an Büchsen gar nicht so einfach. Der Rest liegt dann im Schießvermögen der Schützen begründet.

Über alle vier Jagdtage sollten sich uns 112 Möglichkeiten eröffnen. Diese wurden bei einer Strecke von insgesamt 72 Stück Wild zu knapp zwei Dritteln genutzt. Wie zu erwarten war, verteilten sich diese Chancen aber recht ungleichmäßig. Die wenigsten boten sich mit nur drei Stück Heinrich, der auch leider als Schneider nach Hause fahren musste. Besser machten es Vater Winni, der seit unserer Jagd in Kemence Mitglied unserer Gruppe war, und sein Sohn Andreas, der in diesem Jahr das zweite Mal mit dabei war. Von 15 Möglichkeiten nutzte Andreas elf und trat als Tour-Jagdkönig die Heimreise an. Die beste Chancenausnutzung mit gut 83% war allerdings seinem Vater vergönnt. Die Folge war ein wenig spaßhafte Frotzelei bei der obligatorischen Tourkönig-Einladung, die Andreas aber niemals davon abhielt, seinem „erfahreneren" Vater den Erfolg zu gönnen.

Pause verdient!

Aber so weit waren wir noch lange nicht. Ich hatte noch einiges gutzumachen und freute mich schon auf die beiden Jagdtage im Revier Vác. Die Kleinstadt Vác liegt am linken Donauufer im Bereich des Donauknies. Das Revier umfasst insgesamt 6.800 ha, von denen etwa 80% von der Ipoly Erdő AG jagdlich bewirtschaftet werden.

Die von uns bejagten Revierteile in der Nähe der Ortschaften Penc, Püspökhatvan und Püspökszilágy gehörten zu den südöstlichsten Ausläufern des Börzsöny-Gebirges, dem Déli-Börzsöny oder auch südlichen Pilsengebirge. Im Gegensatz zu den Revieren in Kemence und Diósjenő, die fast ausschließlich im Bereich der großen, zusammenhängenden Waldungen lagen, zeigte sich das Revier in Vác mit seinen größeren Waldflächen und daran angrenzenden Ackerflächen etwas abwechslungsreicher. 75 Stück Rotwild, 90 Muffel, 150 Rehe und 100 Sauen betrug hier die durchschnittliche Jahresstrecke. Wie gewohnt, trafen wir auch im Revier Vác auf sehr gastfreundliche ungarische Jäger, die ihr Handwerk verstanden.

Gleich im ersten Treiben sollte ich es dann auch besser machen als am Vortag. Mein Stand lag auf dem Rückwechsel unterhalb einer lang gestreckten Dickung. Zwischen mir und dem Saueneinstand erstreckte sich ein schmales Tal, durch das sich ein kleines Rinnsal wand. Ich stand etwas erhöht an einem Weg und hatte gute Sicht auf die lückigen Bereiche entlang des Baches. Ich konnte den 70 kg schweren Keiler schon von Weitem kommen sehen. Mit einem Satz nahm er den Bach und wechselte genau auf mich zu. Ich ließ ihn bis in die Wegeböschung kommen und platzierte einen sicheren Schuss. Mir blieb wenig Zeit, um mich zu freuen, denn schon kam die zweite Sau in Anblick. Dieses Mal hielt ein Überläufer den Wechsel entlang des Baches. 60 Gänge, aber nur in mäßigem Tempo, machten kein großes Vorhaltemaß notwendig. Auch die zweite Sau brach im Feuer zusammen. Der Ärger des Vortages war schnell vergessen.

Wie schon in Zolis Heimatrevier wurde auch in Vác Kahlwild freigegeben. Das war aufgrund der Einschränkungen im ungarischen Jagdgesetz ungewöhnlich, wurde aber damit erklärt, dass man dem geforderten Abschussplan noch mächtig hinterherhinke und die erlaubten Riegeljagden nicht weit von der mit uns ausgeübten Jagdform entfernt seien. Uns sollte es recht sein, machte es die Jagd doch sichtlich abwechslungsreicher. Ich hatte nicht viel Platz vor Kopf des Treibens. Nur ein schmaler Trampelpfad grenzte die Dickung zu einem steil abfallenden, für mich

Tagesstrecke mit Abwurfstangen in Vác

nicht einsehbaren Hang ab. Der einzige Vorteil des Standes war, dass ich keinen Nachbarn hatte und nur auf ausreichenden Kugelfang achten musste.

Die Treiber waren bereits deutlich zu hören, als das Bersten von Ästen anwechselndes Wild ankündigte. Ich vermutete ein kleineres Rudel Rotwild – aber wie oft schon hatte ich mit solchen Einschätzungen danebengelegen? Die Waffe war längst gespannt und halbwegs in den Voranschlag gebracht, als das erste Stück die

Gemeinsames Verblasen

Schneise querte. Am langen Haupt und an dem massigen Körper war das Alttier leicht anzusprechen. Ich ließ es passieren und brachte mich in Spannung. Als nur wenige Meter dahinter das Kalb in Anblick kam, ließ ich sofort fliegen. Zwei Fluchten, und schon war das Stück nicht mehr zu sehen. Noch das ein oder andere Brechen im Unterholz, und es kehrte wieder Ruhe ein. Trotz meines guten Gefühls nagten schnell Zweifel an meiner Einschätzung. Die Treiber kämpften sich bis zum Ende der Dickung vor, und das Hornsignal kündigte das Ende des Treibens an. Ich wies die Treiber ein, und es dauerte nicht lange, bis ich den erlösenden Ausruf „Farbe!" vernehmen konnte. 30 m hatte das Kalb mit einem sauberen Blattschuss noch gemacht. Die Treiber fanden es schnell, hatten aber durchaus Mühe, es den steilen Hang hinauf zu bergen. Drei Schüsse und drei Stücke Wild, meine Statistik besserte sich, und mein Selbstbewusstsein war wieder da. Mit 24 Sauen, fünf Stück Rotwild und zwei Füchsen hatten wir an den beiden Jagdtagen in Vác eine gute Strecke erzielt. Wieder einmal war Zolis Revierauswahl passend.

Hatten wir vom Jagdhaus Wenckheim in die Reviere Magyarnándor und Vác eine durchaus längere Wegstrecke zurückzulegen, so lag das Revier Diósjenő praktisch direkt vor der Haustür. Ausgangs- und Endpunkt der Jagden in Diósjenő war stets der Diósjenői Erdei Szabadidőpark, eine touristische Einrichtung für Wanderer und Naturliebhaber. Das ehemals nur von Förstern, Waldarbeitern und Jägern genutzte Forsthaus und seine unmittelbare Umgebung wurden in den vergangenen Jahren zu einem etwa 4 ha großen Freizeitpark ausgebaut. Ein großzügiger überdachter Grillplatz, ein Spielplatz für Kinder, ein kleiner Streichelzoo, ein Arboretum mit Informationstafeln zu den unterschiedlichen Naturräumen im Börzsöny, ein kleines Café mit Verkaufsraum und vieles mehr boten einen idealen Ausgangspunkt für ausgiebige Wander- und Radtouren sowie für Familien- und Betriebsausflüge. Uns diente die Anlage zur Mittagspause in der Grillhütte und zum Streckelegen nach der Jagd.

Wir schafften nur ein Treiben, bis wir uns zu Mittag wieder im Park einfanden. Mit acht Sauen und vier Stück Rotwild hatten wir gut Strecke gemacht, aber vergleichsweise auch viele Schüsse benötigt. Da neben dem Bergen des Wildes auch mehrere Kontrollsuchen notwendig wurden, blieb für ein zweites Treiben vor der Pause einfach zu wenig Zeit. Die offene Grillhütte war bei den eisigen Temperaturen eher ungemütlich, sodass wir auf eine zügige Fortsetzung der Jagd drängten. Das anstehende Treiben hatte den Namen „Sötét Bükk“, was so viel bedeutet wie „Dunkle Buche“.

Erfahrungsaustausch in der Mittagspause

Wolfgang, Heinz und ich hatten die Standnummern 1–3 und wurden tief unten im Tal zu den Rückwechseln des Treibens gebracht. Mit großem Abstand zueinander stellte man uns zwischen kleinere Buchennaturverjüngungen und hoffte, dass wir dort die ein oder andere Sau abpassen könnten. Wolfgang streckte von seinem Stand einen Frischling und einen Fuchs, Heinz und ich hatten zwar etwas Anblick, kamen aber nicht zu Schuss. Es dauerte kaum eine halbe Stunde, bis wir von unserem Ansteller wieder abgerufen wurden. Da das Treiben mit einer Länge von 1,5 km durchaus groß war, brachte er uns drei zum Ende des Treibens, um die bisher unbesetzten Stände vor Kopf einzunehmen. Zeit dafür gab es genug, da das Treiben stetig bergauf verlief und zahlreiche kleinere Dickungen getrieben werden mussten. Ich erhielt den vorletzten und Heinz etwa 250 m oberhalb von mir entfernt den letzten Stand. Gut 50 m unterhalb des Weges nahm ich meinen Stand an einer dicken Überhälterbuche ein. Der Waldbereich war zum Einleiten der Verjüngung stark aufgelichtet worden, sodass ich mehr oder minder freie Sicht auf einen tiefen Grabeneinschnitt in gut 70 m Entfernung hatte. Die Treiber waren noch weit unten im Tal und kaum zu hören. Dass genügend Wild im Treiben steckte, verrieten die zahlreichen Schüsse, deren trockenes Donnern unaufhaltsam den Graben hinaufkletterte. Hinter dem Geländeeinschnitt weit oben im Hang konnte ich zwei Sauen ausmachen, die es geschafft hatten, sich davonzustehlen. Die Buche im Rücken, hockte ich auf meinem Sitzstock und hoffte, dass sich mir noch eine Chance bieten würde. Ein ganzes Stück das Tal hinunter konnte ich drei Sauen erkennen, die entlang des Grabens den Hang hinaufzogen. Noch waren sie zu weit entfernt, als dass ich sofort hätte reagieren müssen. Aber ein wenig angespannt war ich schon. Gut 200 m von mir entfernt wechselten die Sauen in den tiefen Grabeneinschnitt und waren für mich nicht mehr zu sehen. Gut, jetzt hieß es aufmerksam bleiben, ob die Sauen den Graben in Schussentfernung verlassen würden. Ich hatte meine R93 inzwischen ge-

Sichernde Sau (Foto: ©prochym/stock.adobe.com)

spannt, blieb aber auf dem Sitzstock sitzen. Wie aus dem Nichts tauchte plötzlich einer der drei Überläufer auf meiner Höhe aus dem Graben auf. Er sicherte umgehend in meine Richtung. Ich war zwar mittlerweile im Anschlag, hatte aber keine Möglichkeit mehr, mich vom Sitz zu erheben. Die Teller aufgestellt, hätte jede unnötige Bewegung dazu geführt, dass das Schwein zurück in den Graben gerutscht wäre. Die Sau stand nicht ganz spitz, sondern zeigte mir einen Teil ihrer Flanke.

War dies der Grund, warum ich ihr nicht genau zwischen die Lichter schoss? Ich weiß es nicht. Vielleicht hatte ich auch Skrupel. Ich drückte neben dem Haupt im Bereich des Vorderblattes ab, sodass die Kugel diagonal durch den Wildkörper gehen musste. Staub spritzte von der Schwarte, als die Kugel einschlug. Der Treffer war eindeutig. Doch mein Ziel verschwand im tiefen Graben. Sofort durchrepetiert, erwartete ich die Kranke auf der entgegengesetzten Seite. Aber nichts tat sich. Äste krachten, vielleicht war dies das letzte Schlegeln? Meine Augen suchten die Grabenkante hangaufwärts ab, aber nichts. Im linken Augenwinkel nahm ich unerwartet einen dunklen Schatten wahr. Da ich aber auf dem linken Auge nur eine geringe Sehkraft besitze, drehte ich meinen Kopf und erblickte die beiden übrigen Sauen, die nur 30 m von mir entfernt Richtung Weg flüchteten. Sofort war ich im Anschlag und bemühte mich, eine der beiden ins Glas zu bekommen. Die Sauen waren schnell, und mir blieb nicht viel Zeit. Ich merkte instinktiv, dass der Anschlag so verdreht, wie ich auf dem Sitzstock hockte, nicht ganz passte. Schaft und Schulter waren keine Einheit. Ich korrigierte noch ein wenig und drückte schließlich ab.

Die Waffe schlug abrupt und derart hart zurück, dass die Visierung gegen den rechten Rand meiner Brille prallte. Genau am Übergang vom Bügel zum Glas bedingte der Aufprall, dass die Brille exakt über der Nase in zwei Teile brach. Das rechte Glas fiel aus der Halbrandbrille in den Schnee. Bei 6,75 Dioptrien rechts und 9,25 Dioptrien links, dazu noch die auf 10% eingeschränkte Sehleistung auf dem linken Auge, war ich zwingend auf meine Brille angewiesen. Es fühlte sich an, als hätte jemand das Licht ausgeschaltet. Von jetzt auf gleich wurde es dunkel im Buchenwald, ich sah gar nichts mehr und war wie erblindet. Ich stellte meine Waffe an den Baum und tastete den Boden vor meinen Füßen nach dem herausgefallenen Glas ab. Zum Glück wurde ich schnell fündig. Die Brille jedoch war nicht mehr zu retten. Ich hielt das rechte Brillenglas vor mein Auge, um wenigstens wieder etwas erkennen zu können. Ich ärgerte mich schwarz, entlud die Waffe und wartete das Ende des Treibens ab. Heinz löste sich noch einmal, und dann erklang Gott sei Dank auch schon das Signal „Hahn in Ruh".

Mit Tesafilm geflickt

Mit dem Glas in der Hand schaute ich zunächst nach der zweiten Sau und fand den ein oder anderen Schweißtropfen. Ich beschloss, auf den Ansteller und Heinz zu warten. Sie brauchten ein wenig, da auch Heinz eine Sau gestreckt hatte. Mit dem Schützenbruch am Hut erreichten sie meinen Stand und sahen das ganze Dilemma. Ich berichtete zunächst von der Sau am Graben und wies den Ansteller entsprechend ein. Er fand nichts und folgerte daraus, dass der Schuss vorbeigegangen sein müsse. Aber ich hatte den Einschlag deutlich erkennen können. Sollte die Sau vielleicht doch noch bis zu Heinz hinaufgekommen sein? Beide waren sich einig, dass dies nicht sein konnte. Die Sau kam gesund an und hatte von Heinz einen Einschuss in der 10. Ich blieb hartnäckig und wies den Jäger an, die Sau genauer in Augenschein zu nehmen. Und tatsächlich, das Schwein hatte zwei Einschüsse. Meine Kugel war, wie erwartet, durch den ganzen Körper geschlagen und vor den Hinterkeulen wieder ausgetreten. Heinz nahm den Bruch vom Hut und überreichte ihn mir. Auch wenn mir die Sau rechtmäßig zugesprochen wurde, eine schöne Geste meines Jagdfreundes.

Trotz der gut erkennbaren Schweißfährte war der Ansteller dann aber nicht mehr dazu zu bewegen, der zweiten Sau zu folgen. Dies erzürnte mich ein wenig, aber mit defekter Brille blieb mir keine andere Wahl, als mich darauf zu verlassen, dass die Kranke tatsächlich am nächsten Tag nachgesucht werden würde. Nur gut, dass ich eine Ersatzbrille im Jagdhaus hatte. Im letzten Treiben aussetzen zu müssen würde ich schon verkraften.

Aber dazu kam es gar nicht mehr. Die Zeit war so weit fortgeschritten, dass dies schon das letzte Treiben unserer Jagdreise sein sollte. Ich hoffte noch auf einen kurzen Umweg über Wenckheim, um die Ersatzbrille holen zu können, aber es ging direkt zum Streckelegen. Wie ein Monokel klemmte ich also das rechte Brillenglas vor mein Auge, als ich unsere Dankesworte sprach und die Trinkgelder an die Treiber und Jäger verteilte. Zurück in Wenckheim, eilte ich sofort auf mein Zimmer. Irgendwo in meiner Reisetasche musste die ersehnte Ersatzbrille sein. Zweimal habe ich alles auf links gedreht, aber fündig wurde ich nicht. Ich rief zu Hause an und musste mir leider eingestehen, dass ich die Brille schlichtweg vergessen hatte. Sie lag noch immer auf dem Küchentisch, wo ich meine ganze Ausrüstung vor der Reise ausgebreitet hatte, bevor alles verstaut wurde. Ich bat Andreas, einen Versuch zu unternehmen, die Brille mit Tesafilm zu flicken. Eine halbe Stunde brauchte er, aber das Ergebnis war genial. Natürlich musste ich vorsichtig mit seinem Kunstwerk umgehen, aber alles besser, als weiterhin mit Monokel unterwegs zu sein.

Jahr für Jahr krame ich vor der Reise meine Packliste hervor, um auch ja nichts zu vergessen. Schon ein wenig vergilbt und die einzelnen Punkte mit etlichen Abhakzeichen versehen, ist sie unersetzlich, um nicht zu wenig, aber auch nicht zu viel mit auf Reisen zu nehmen. Je nach Fluggesellschaft waren 23 kg im Koffer, 10 kg für die Waffe im Futteral und maximal 8 kg Handgepäck möglich, ohne einen Aufpreis zahlen zu müssen. Das hört sich zunächst viel an, stellt sich aber bei sperrigen und schweren Jagdklamotten als echte Herausforderung dar. So hatte ich mir angewöhnt, von vornherein all das wegzulassen, was ich im Laufe der Jahre meist ungebraucht wieder mit nach Hause genommen hatte.

PACK- und CHECKLISTE Drückjagd

Unterlagen	
Jagdschein	Impfpass
Waffenschein	Kreditkarte / EC-Karte
Europäischer Feuerwaffenpass	Bargeld (auch kleine Scheine)
Reisepass	Versicherungsnachweise
Personalausweis	Reisetickets (Flug, Zug)
Visum (falls notwendig)	Reiseunterlagen (Voucher)

Jagd Ausrüstung	
Waffe (inkl. Riemen)	Jagdmesser
Waffenkoffer (Hartschale)	Markierungsband (Anschuss)
Waffenhülle (für Transport vor Ort)	Bergehilfe
Munition (40 Schuss im Originalpaket)	Decke
Gehörschutz	Sitzkissen
Batterien (Zielfernrohr / Gehörschutz)	Einweghandschuhe
Waffenreinigung (mind. Handtuch)	Kleine Thermoskanne
Rucksack	Plastiktüte für Jagdschuhe
Sitzstock	ASP-Desinfektionsset

Jagd Kleidung	
Thermo-Unterwäsche (lang)	Warme Jagdjacke (z.B. Loden)
Dicke Strümpfe (2 Paar)	Warnkleidung (Jacke oder Weste)
Warme Jagdhose (z.B. Loden)	Regenponcho
Leichte Jagdhose (wasserabweisend)	Wasserdichte, feste Jagdschuhe
Unterziehpullover	Handschuhe
Heizweste (inkl. Ladegerät)	Schal
Jagdpullover	Hut / Kappe / Mütze
Vliesjacke	Gamaschen
Jagdweste	

Sonstige Kleidung	Kulturbeutel
Strümpfe	Zahnbürste und -pasta
Unterwäsche / T-Shirts	Bürste / Kamm
2 x Hose	Rasierer
Hemd	Duschgel und -shampoo
Pullover	Apotheke (Schmerz, Darm, Erkältung)
Schlafanzug	Tempo-Taschentücher (ausreichend)
	Ersatzbrille (!)

Sonstiges	
Mobiltelefon (inkl. Ladegerät)	Etwas zum Lesen
Powerbank	Schreibzeug
Steckdosenadapter (falls notwendig)	Kaugummi / Süßigkeiten
Feuerzeug	Wörterbuch (mind. Vokabelliste)
Taschenlampe	Klebeband (stabil)

Packliste

Wir verbrachten gemeinsam noch einen ausgelassenen Abend, wurden von Edina mit gewohnt leckerem Essen verwöhnt, tranken ewin paar Wodkas mehr als üblich, ließen die vergangenen Jagdtage Revue passieren und würdigten Tages- und Tourkönig mit kräftigen Horrido-Gesängen. Die Jagdreise war wirklich gelungen. Die Truppe passte gut zusammen, die Unterkunft war, wie ich sie mir ersehnte, die Jagd perfekt organisiert, es gab ausreichend Wild in den Treiben, und die Strecke im Börzsöny war wieder einmal herausragend.

Am nächsten Morgen feierten wir vor unserer Abreise noch den Geburtstag meines langjährigen Jagdfreundes Josef. Edina hatte ihm zu Ehren einen Kuchen gebacken, und Josef genoss ihre Zuwendung sichtlich. Zoli brachte uns die abgekochten Keilerwaffen, und Uli kümmerte sich währenddessen um die Abrechnung. Erst am späten Vormittag verließen wir das Jagdhaus Wenckheim und sollten bis heute nicht mehr dorthin zurückkehren.

Edinas Geburtstagskuchen

Wie schwer die Organisation einer Jagdreise sein kann, habe ich schon erwähnt. Das Jagdhaus Wenckheim und die Reviere im Börzsöny waren auch im Jahr darauf unser auserwähltes Ziel. Doch dieses Mal musste Zoli nur wenige Tage vor der Abreise unsere bereits gebuchte Jagd absagen. Die Ipoly Erdő AG hatte für ihre Gesellschafter kurzfristig eine mehrtägige Drückjagd angesetzt, die Jäger, Treiber und Hundeführer in Beschlag nahm und unsere Reise platzen ließ. Die Alternative, auf drei Jagdtage zu verkürzen und ausschließlich in Zolis kleinem Revier in Magyarnándor zu jagen, lehnte die Gruppe mehrheitlich ab. Hätten wir seinem Vorschlag doch nur zugestimmt!

So bemühten wir uns hektisch um Alternativen, bekamen uns in die Haare, buchten dann doch und sagten am nächsten Tag wieder ab. Ein heilloses Durcheinander entstand, das uns beinahe eine Schadensersatzklage eines Jagdvermittlers eingebracht hätte. Uli und ich waren uns sicher, dass wir nie wieder in Eigenverantwortung eine Jagdreise organisieren wollten.

Jagd:	Drückjagd auf Schwarzwild und Rotwild
Ort:	Börzsöny-Gebirge, Ungarn
Revier:	Magyarnándor
	3.665 ha (1.000 ha Wald)
	Vác, 5.575 ha
	Diósjenő, 3.450 ha
Datum:	Januar 2016
Strecke:	11 Stück Rotwild, 58 Sauen, 3 Füchse
Anzahl Schützen:	13
Schussverhältnis:	1 : 2,7
Vermittler:	Nagyvad Hunting GmbH

©Dennis/stock.adobe.com

Schakal

Die gecancelte Jagdreise des Vorjahres wurmte uns noch immer. Nach Zolis Absage entschieden wir uns bei der hektischen Suche nach einem alternativen Reiseziel fatalerweise für Ungarn und nicht für Rumänien. Das Ergebnis war ein heftiger Streit innerhalb der Gruppe und die endgültige Absage unserer Reise für das Jahr 2017. Folgerichtig stand im Jahr darauf die Drückjagd in den rumänischen Donauauen wieder zur Disposition. Das Angebot war preislich in Ordnung, setzte aber eine Gruppenstärke von mindestens zehn Jägern voraus. Acht davon deckte unsere Stammgruppe ab, mit Matthias hatten wir einen festen Neuzugang, und der zehnte würde sich schon noch finden. So wurde frühzeitig für Januar 2018 gebucht, und tatsächlich sollte der freie Platz im Laufe des Jahres mit dem Jungjäger Willi besetzt werden können. Wir freuten uns, mit Rumänien ein neues Land und mit den Donauauen eine für uns bisher unbekannte Landschaftsform jagdlich kennenzulernen.

Die Anreise unterschied sich nur unwesentlich von denen der Vorjahre, nur dass nicht Budapest, sondern Bukarest auf unseren Flugtickets stand. Vor Ort wurden wir vom Dolmetscher Attila in Empfang genommen und setzten in mehreren Geländewagen unsere Reise Richtung Donau fort. Vom nördlich der Innenstadt gelegenen Flughafen aus durchquerten wir Bukarest Richtung Süden.

Beinahe zwangsläufig führte unser Weg vorbei am heutigen Parlamentspalast. „Haus des Volkes" nannte Nicolae Ceauşescu, der langjährige Despot Rumäniens, diesen gigantischen Bau. Inspiriert von der pompösen Architektur im kommunistischen Nordkorea, gab er 1984 den Bau einer neuen Machtzentrale in Auftrag. Ein Fünftel der Bukarester Altstadt ließ er zu diesem Ziel kurzerhand abreißen. Klöster, Kirchen, Art-déco-Häuser, alles wurde dem Erdboden gleichgemacht. 40.000 Bukarester mussten ihre Häuser und Wohnungen verlassen und wurden zwangsumgesiedelt. Fünf Jahre lang ließ er Tag und Nacht rund 20.000 Handwerker unter der Aufsicht von 700 Architekten am Bau arbeiten. Über 1 Million m3 rumänischer Marmor aus Siebenbürgen und die gleiche Menge an Holz wurden verbaut. Das Resultat ist das nach dem Washingtoner Pentagon zweitgrößte Gebäude der Welt. Auf zehn Etagen finden sich ganze 1.000 Zimmer, 440 Büros und 30 Festsäle – Ausdruck des Größenwahns Ceauşescus. Hinter vorgehaltener Hand, aber zutreffend wurde Ceauşescu vom rumänischen Volk mit den drei F – „frig, frica si foame" (Kälte, Angst und Hunger) – umschrieben. Über 1 Milliarde Euro verschlang dieser Bau, und er verursacht heute noch laufende Kosten für Strom, Wasser und Wärme in Höhe von etwa 2,5 Millionen Euro pro Jahr. Die Fertigstellung seines Baus erlebte der Diktator allerdings nicht mehr. Am 25. Dezember 1989 wurde er vom Volk gestürzt und öffentlich, vor laufenden Kameras, hingerichtet.

Ob sein Tod im Zusammenhang mit Zlatorog, dem weißen Gamsbock, stand, ist nicht zu ergründen. Die alten und erfahrenen Gebirgsjäger hatten es allerdings so vorausgesagt. Gemäß einer Sage wird jeder, der eine weiße Gams tötet, sein Ende innerhalb nur eines Jahres finden. Ceauşescu ließ sich zeitlebens gern als größten Karpatenjäger aller Zeiten bezeichnen. Ganze 3.900 Braunbären soll er in seinem Jägerleben erlegt oder besser gesagt getötet haben. Als er aber im Januar 1989 von der Gondel einer Drahtseilbahn im Revier Buşteni im Bucegi-Gebirge aus 66 Stück Gamswild, darunter zwei Albinos, schoss, schien sein Schicksal besiegelt.

Parlamentspalast „Haus des Volkes" in Bukarest (Foto: ©Giampaolo/stock.adobe.com)

Auf den unsäglichen Despoten angesprochen, reagierte unser Fahrer anders als erwartet, und zwar so, als hätte es die Entbehrungen unter seiner Knechtschaft nie gegeben. Ordnung habe geherrscht, heute sei einfach alles durcheinander und korrupt. Als Beispiel wies er mit der Hand auf die unzähligen Roma-Paläste am Rand der nach Süden führenden Ausfallstraße. Natürlich sprach er nicht von Roma, sondern bewusst abwertend von Zigeunern. Keine Steuern würden sie bezahlen, aber in Saus und Braus leben. Unter der Herrschaft Ceauşescus wurden die rumänischen

Kalderari zur Sesshaftigkeit gezwungen. Als Ausbruch aus der kleinräumigen Welt der Plattenbauten könne man das Phänomen ihrer pompösen Kitsch-Villen verstehen. Je größer, desto besser. Je schwülstiger, desto schöner. Vermutlich liegt es aber einfach nur daran, dass es typisch für den ganzen Balkan ist, seinen Reichtum zur Schau zu stellen.

Knapp drei Stunden fuhren wir durch das Walachische Tiefland in Richtung Donau, der südlichen Grenze zum Nachbarland Bulgarien. Die Kleinstadt Zimnicea war unser Ziel. Eigentlich eine Stadt mit Geschichte, mit der ältesten Festungsanlage der Großen Walachei aus dem 5. bis 6. Jahrhundert, heute jedoch eher eine typische Retortenstadt eines ehemals kommunistischen Regimes. Grund hierfür war das verheerende Erdbeben von Vrancea, das im Frühjahr 1977 fast 80% der Stadt zerstörte und einen Wiederaufbau notwendig machte. So findet man heute in einem schachbrettartig angelegten Straßennetz fast nur neue Bauten.

Kalte Ostpracht prägte auch das Viersternehotel Inter, unsere Unterkunft für die kommenden Tage. Was für ein Kontrast zu dem von mir so geliebten Jagdhaus Wenckheim! Vor dem Abendessen mussten noch unsere Waffen in den gut gesicherten Tresorraum eines benachbarten Bürogebäudes verbracht werden. Ihre Aufbewahrung im Hotel war nicht erlaubt. Dann ging es endlich zum Essen in ein in der Nähe befindliches Restaurant. Der Tisch war nett eingedeckt, das Essen, wie immer in Osteuropa, reichlich und gut, aber eine jagdlich anheimelnde Atmosphäre fehlte gänzlich. Lange Abende würden wir hier sicher nicht verbringen.

Deich zwischen Auwald und Röhricht

Der Waffentresorraum war unser morgendlicher Treffpunkt mit den rumänischen Jagdleitern. Von hier aus wurden wir mit einem dreiachsigen Unimog-Allradfahrzeug von Mercedes in die Reviere gebracht. Die grün-rot-gelbe Lackierung im Militärlook wirkte ein wenig sonderbar, und auch im Inneren bot das Gefährt mit seinen zwölf drehbaren Sesseln und dem in hellem Leder ausgeschlagenen Innenraum einen ungewöhnlichen, aber dennoch gern genommenen Komfort für die Fahrten durch unwegsames Gelände. Die Fahrt führte uns vorbei an endlosen topfebenen Ackerflächen, weit und breit kein Baum und kein Strauch. Uns war noch nicht so ganz klar, wo wir hier jagen sollten. Doch mit Überqueren der ersten Deichanlage eröffnete sich der Blick auf die dahinterliegenden Polderflächen bis hin zur Donau. Auch hier zunächst nur Acker- und Wiesenflächen, aber dann: Am Fuße der zweiten Deichanlage wogten große Röhrichtschläge im Wind. Nur der Deich und ein Auwaldstreifen trennten diese Flächen noch von der Donau.

Schussschneise im Röhricht

Etwa 4 m hoch und unten äußerst dicht, waren diese Saueneinstände vor dem Deich allerdings nur schwer zu bejagen. Zwar hatte man Schussschneisen gehäckselt, aber mit einer Breite von teilweise nur circa 15 m wurden wir in den ersten drei Treiben des Tages vor große Herausforderungen gestellt. Entsprechend eng mussten die einzelnen Schützen abgestellt werden, sodass sich für sichere Schüsse nur ein spitzer Schusswinkel und somit kleiner Korridor bot.

Die Treiber gaben sich größte Mühe, aber so richtig wollte es nicht funktionieren. Wolfgang streckte zwar gleich im ersten Treiben einen Keiler, aber ansonsten machten sich die Schwarzkittel an den offenen Flanken davon oder verließen gar nicht erst die schützende Dickung. Andreas kam auf dem Rückwechsel der erste Goldschakal in Anblick. Schon in Ungarn wurde der Goldschakal regelmäßig zum Abschuss freigegeben. Zu Gesicht bekamen wir ihn allerdings nie. Doch in Rumänien sollte dies ganz anders werden, und fortan wurde der Schakal zum besonderen Ziel unserer Begierde.

Neben dem Wolf ist der Goldschakal auf dem europäischen Kontinent der einzige Vertreter der Gattung Canis. Sein Ursprung findet sich vor allem im südasiatischen Raum und im Nahen Osten. Im vergangenen Jahrhundert wanderte er in die Balkanländer ein und ist dort heute ein fester Bestandteil der Fauna. Das scheue und meist nachtaktive Tier kann als Kulturfolger angesehen werden. Es nutzt insbesondere die großen Flüsse und deren Schutz bietende Begleitvegetation, um sich immer weiter nach Norden auszubreiten. Sein Lebensraum ist tendenziell eher das Flachland in wärmeren Gefilden. Gebiete mit lang anhaltenden und kalten Wintern meidet er. Dennoch sind einzelne Exemplare schon in Österreich, Polen, Deutschland oder gar Finnland und Estland gesichtet worden. Vermutlich spielt auch hier die Klimaerwärmung eine entscheidende Rolle. Seine Verbreitung schlägt sich auch in den Jagdzeiten der einzelnen Länder nieder. So kann der Goldschakal in Rumänien schon seit längerer Zeit von Mitte September bis Ende März bejagt werden. In Österreich hingegen besitzen nur die östlichen Bundesländer Ober- und Niederösterreich, die Steiermark und das Burgenland seit wenigen Jahren entsprechende Regelungen. Die spärlichen Sichtungen in Deutschland haben den Gesetzgeber noch nicht veranlasst, den Goldschakal als jagdbares Wild einzustufen. Sein Gesicht ähnelt dem eines Fuchses sehr. Er ist jedoch mit einer Schulterhöhe von bis zu 50 cm wesentlich hochläufiger und körperlich dem Fuchs überlegen. Dort, wo sich der Goldschakal etabliert hat, sinkt die Fuchspopulation signifikant. Besonders auffallend ist seine nur etwa 25 cm kurze Rute. Als Nahrungsgeneralist passt er sich dem Angebot an. Kleine bis mittelgroße Säuger stehen bevorzugt auf seinem Speiseplan, aber auch Abfälle und Aas oder pflanzliche Nahrung werden nicht verschmäht. Gern nimmt er in stark bejagten Gebieten auch den von Jägern zurückgelassenen Aufbruch.

Der Goldschakal, eine sich natürlich ausbreitende Art (Foto: ©belizar/stock.adobe.com)

Bis zur Mittagspause hatten wir in drei Treiben nur drei Schüsse abgegeben und einen Keiler auf der Strecke liegen. Ein wenig ernüchternd, aber wir hofften auf Besserung, sobald wir uns den Auwäldern auf der anderen Seite des Deiches zuwenden würden.

Im Bereich der Unteren Donau finden sich entlang des Flusses vor allem Silberweiden- und Pappelwälder. Beträgt die Überflutungsdauer weniger als vier Monate im Jahr, nimmt der Anteil der Pappel, insbesondere der Schwarz- und Silberpappel, zu. Die Strauchschicht wird vom Hartriegel und vermehrt vom Falschen Indigo geprägt. In der Krautschicht finden sich flächendeckende Kratzbeerenbestände. Man sollte meinen, dass die Sauen in unbelaubten Pappelwäldern schon von Weitem zu sehen sein müssten, aber oft waren es nur dunkle, schemenhafte Schatten, die sich durch den dichten Unterwuchs schoben. Eine sichere Schussabgabe war nur auf kurze Distanz oder auf den Schneisen möglich.

Auwald entlang der Donau

Wie erhofft, wurde es bereits im ersten Treiben nach der Mittagspause besser. Gut 500 m war der Auwald hier breit, und ich erhielt einen Stand vor Kopf. Zwei stärkere Sauen wechselten zwischen mir und Josef über die Schneise. Josef schoss die eine, ich die andere. Sechs Sauen und ein erster Schakal lagen am Ende des Treibens. Andreas war der Glückliche, der den Räuber strecken konnte.

Auch im zweiten Treiben machten wir Beute, und so lagen am Abend zehn Sauen und ein Schakal auf der Strecke. Am zweiten Tag folgten ganze sechs Treiben. Fünf davon im Schilf. Nur hier und da kamen wir an Sauen, und auch das letzte Treiben im Auwald war nicht von nennenswertem Erfolg. Die Stimmung sank ein wenig. Das schien auch den Rumänen nicht entgangen zu sein, sodass wir am dritten Jagdtag direkt im Auwald begannen. Gleich im ersten Treiben kamen uns mehrere große Rotten mit insgesamt 50 Sauen in Anblick. Aber wieder kamen nur wenige von uns zu Schuss. Es war nicht einfach, die Treiben abzustellen, und die erfahrenen Bachen verstanden es hervorragend, ihre Rotten sicher aus dem Treiben zu leiten. Uli erlegte währenddessen den zweiten Schakal unserer Jagdreise, und auch ich sollte bald mein Glück versuchen dürfen.

Goldschakal

Bis zur Donau waren es nur wenige Meter. Ich konnte das Wasser durch das dichte Unterholz glitzern sehen. Mitten im Bestand hatte man mich abgestellt. Freies Schussfeld gleich null. Aber oft drückten sich gerade hier die alten Keiler durch, versuchte ich meine Situation schönzureden. Die Treiber waren noch weit entfernt und kaum zu hören. In großer Entfernung fielen mit etwas Abstand zueinander zwei Schüsse. Fast lautlos musste mich der Schakal angewechselt haben. Aber als er mich spitz hatte, gab er unversehens Fersengeld. Beinahe wie beim Frettieren fuhr ich kurz mit und ließ fliegen. Der Rote ging über Kopf. Damit hatte ich nicht gerechnet. Eigentlich viel zu schnell, von zahllosen Ästen verdeckt, hatte er von meiner 9,3 einen tiefen Kopfschuss erhalten. Sein Balg war vollkommen unversehrt.

Ich bat Attila später an der Strecke, dass man den Balg abziehen und mir mit etwas Salz bearbeitet zuschicken solle. Er sagte zu und bekam von mir 20 Euro für den notwendigen Aufwand. Zu Hause lasse ich schon seit Jahren jeden Balg von Fuchs, Dachs oder Steinmarder gerben und verfüge mittlerweile über eine stattliche Sammlung. Zu wichtig war mir die Trophäe, und zu sehr ging es mir gegen den Strich, die Bälge einfach in der Erde zu verscharren. Auf den begehrten Balg meines Schakals wartete ich allerdings vergeblich. Auch mehrere Telefonate mit Attila brachten keinen Erfolg. Am Ende redete er sich damit heraus, dass die „dummen“ Treiber den Balg einfach weggeworfen hätten, aber er könne mir ja einen anderen zusenden. Ich lehnte dankend ab.

Zu Mittag nahmen wir unsere Lunchpakete auf dem Deich zu uns. Die Treiber hatten eine Rast verdient, und auch uns tat die Pause gut. Schon von Weitem war der heranbrausende Jeep Wrangler zu erkennen. Kurz vor unserem Unimog ging der Fahrer in die Eisen. Ein Mann in Jagdklamotten sprang heraus und stürmte wild gestikulierend und laut brüllend auf die rumänischen Jagdleiter los, hielt dann bei mir kurz inne, begrüßte mich ruhig und freundlich, um dann sofort wieder loszuwettern. Es dauerte einige Minuten, bis sich die Situation beruhigt hatte. Wir konnten uns zunächst keinen Reim darauf machen. Uli erkundigte sich bei Attila, der ihm fast ehrfürchtig berichtete, dass dies Ioan Niculae, der Besitzer der Ländereien und Inhaber der Jagd sei. Schnell war er gegoogelt und entpuppte sich als der reichste Mann Rumäniens. Laut Forbes lag sein Vermögen bei über 1 Milliarde US-Dollar. Zudem war er Besitzer des rumänischen Fußballclubs Astra Giurgiu.

Mercedes Unimog in „Tarnfarbe"

Abends zurück im Hotel, forschten wir weiter nach. Seine Vita las sich wie die eines Mafiapaten. Er galt als Informant der berüchtigten Securitate, der Geheimpolizei Ceauşescus. In den postkommunistischen Wirren Anfang der 1990er-Jahre waren gerade sie die ersten, die Zugriff auf staatseigene Firmen und die Grundbücher erhielten. So konnten sie sich unbehelligt den Besitz größerer Ländereien ergaunern. Mit seiner Firma InterAgro bewirtschaftet der Agrarunternehmer inzwischen etwa 55.000 ha Land in ganz Rumänien.

Schon 2015 wurde er wegen illegaler Parteienfinanzierung zu zweieinhalb Jahren Haft verurteilt, wovon er allerdings nur ein halbes Jahr absitzen musste. Ein paar Jahre nach unserer Begegnung, Anfang 2021, wurde er zudem rechtskräftig wegen Anstiftung zur Steuerhinterziehung und Geldwäsche schuldig gesprochen und verbüßt derzeit eine weitere Haftstrafe von fünf Jahren.

Hätten wir all dies gewusst, hätten wir sicherlich seine Einladung zum Glühwein nach der Jagd ausgeschlagen. Aber abgesehen von seinem Streit mit den Jagdleitern machte er damals auf uns einen eher gastfreundlichen Eindruck. Als Revierinhaber nahm er es sich gleichwohl ohne große Rücksprache mit uns heraus, sich fortan an der Jagd zu beteiligen. Und nicht nur er gesellte sich zu uns. Auch ein hochrangiger Polizeipräsident, so zumindest Attilas Beschreibung, nahm schon seit dem Morgen an der Jagd teil. Beide führten edle Büchsen mit großen Visierungen und machten den Anschein, als würden sie ihr Handwerk verstehen.

Nur unweit unseres Rastplatzes bejagten wir in den nächsten beiden Treiben einen lang gestreckten Strauchgürtel, der von einigen Röhrichtflächen unterbrochen wurde. Und endlich trafen wir auch diesseits des Deiches auf Sauen. Jeweils sechs Schweine kamen in beiden Treiben zur Strecke. Der Jagdeigner Niculae tat dabei keinen einzigen Schuss, aber sein Protegé, der Polizeipräsident, schoss seine Läufe heiß. Über das freie Feld flüchtete der kapitale Keiler in einer Entfernung von bestimmt 250 bis 300 m. Bis das Magazin leer war, gab sich der Rumäne dieser Situation hin, natürlich, oder besser Gott sei Dank, ohne Erfolg. Besser machte es Uli, er streckte einen Bassen, der gut 150 kg auf die Waage brachte und ein Gewaff von weit über 20 cm aufwies. Bis heute sollte dies seine stärkste Keilertrophäe bleiben.

Sau im Schilf (Foto: ©ThePP66/stock.adobe.com)

Das letzte Treiben des Tages fand dann wieder im Wald statt. Vor Kopf erhielt Manni den zweiten Stand, ich den dritten und Josef den vierten. Wir standen nicht weit auseinander und konnten uns gut sehen. Josef benutzte schon seit Jahren einen verlängerten Sitzstock, der es ihm erlaubte, fast aufrecht zu stehen und blitzschnell in Anschlagsposition zu gehen. Sich schnell genug von den tiefen Sitzstöcken aufzurichten war ihm aufgrund seiner schmerzenden Knie und seiner Körperfülle kaum möglich. Wie aus dem Nichts flog in seinem Rücken völlig überraschend eine starke Sau über eine kleine Geländekante. Er hatte diese zwar gehört, wusste aber nicht, von wo genau sie sich ihm näherte. Anstatt das Weite zu suchen, wechselte der Basse urplötzlich und in hohem Tempo genau auf Josef zu. Von meinem Stand aus betrachtet, schien die Sau zwischen Standbein des Sitzstocks und Josefs Beinen hindurchzupreschen, aber mit Sicherheit waren es zumindest wenige Meter, die sie an ihm vorbeirannte. Völlig überrascht, nahezu fassungslos, hätte es ihn beinahe vom Sitz geworfen. Er versuchte der spitz von ihm wegflüchtenden Sau habhaft zu werden und warf ihr zwei Schüsse hinterher, beide vorbei. Ich konnte von Weitem seinen Ärger erkennen.

Kurz vor Ende des Treibens dann wieder knackende Äste, und erneut kam eine einzelne Sau in Anblick. Dieses Mal zwischen Manni und mir. Was für ein Schwein, ihr Gewicht musste an die 200 kg reichen! Manni war am nächsten dran, und schließlich war er dann auch der Glückliche, der das Hauptschwein auf die Schwarte legen sollte. Leider entpuppte sich der vermeintliche Keiler als Bache und trübte daher ein wenig Mannis Jägerglück.

Uli und Attila

Mit 16 Sauen und drei Schakalen hatten wir eine beachtliche Tagesstrecke erzielt. Während die Treiber die Strecke vorbereiteten, genossen wir gemütlich in einer offenen Grillhütte auf dem Landsitz des Oligarchen den wohltuenden heißen Glühwein. Ein paar Dankesworte, ein Horrido, und eine halbe Stunde später ging es zum Streckelegen. Nicht lange weilte der Rumäne bei uns. Ihn schien die Diskussion, wer nun welche Sau erlegt hatte, zu nerven, und so verabschiedete er sich abrupt, aber höflich. Eigentlich war nicht die Zuordnung der Sauen das Problem, sondern es lagen zwei Frischlinge mehr auf der Strecke, als wir in unserer Buchführung hatten. Ob diese nun von der rumänischen Polizei oder von den Treibern erlegt wurden, ließ sich nicht ergründen. Auf alle Fälle konnten wir die Rumänen nicht davon abbringen, uns diese beiden Sauen zuzuschreiben und später auch in Rechnung zu stellen. Wir lösten das Problem innerhalb der Gruppe salomonisch und teilten die Abschusskosten schließlich auf alle auf.

Im Sprung! (Foto: ©ondrejprosicky /stock.adobe.com)

Inzwischen lagen einige wirklich kapitale Keiler auf der Strecke. Genau die waren auch das eigentliche Ziel unseres Jungjägers Willi. Er hatte nach den ersten drei Jagdtagen bereits zwei Sauen, einen Goldschakal und einen Fuchs liegen, war aber dennoch nicht wirklich zufrieden. Etwas Unverständnis erntete er deshalb von der Gruppe. Die meisten von uns hatten schon sehr lange den Jagdschein und bereits in jungen Jahren mit dem Jagen begonnen. Kaninchen und Tauben waren das vornehmliche Ziel unserer Anfangszeit. Auf Treibjagden wurde man der Treiberwehr zugeteilt oder erhielt Stände an den Rändern der Treiben. Man hatte sich um die Versorgung des Wildes zu kümmern und musste sich erst bewähren, bevor man zum Jäger geschlagen wurde. Vom Ansitz einen Fuchs, vielleicht auch einen Knopfbock, aber viel mehr war zunächst nicht möglich. Ich hatte schon fünf Jahre meinen Jagdschein, als ich meine erste Sau strecken durfte. Nie werde ich diesen Ansitz vergessen. Aber heute scheint dies völlig anders zu sein. Natürlich gibt es inzwischen viel weniger Möglichkeiten, auf Niederwild zu jagen, aber muss es gleich ein Hirsch oder kapitaler Keiler sein?

Wie sehr es Willi wurmte, zeigte sich an unserem letzten Jagdtag. Auf der Schneise im Pappelwald zwischen Manni und Matthias beschoss er eine stärkere

Sau. Diese drehte im Schuss ab und flüchtete zurück ins Treiben. Unvermittelt verließ Willi seinen Stand und setzte der Kranken nach. Sicher war ihm klar, dass das Verlassen des Standes extrem gefährlich und deshalb auch strengstens verboten war, aber einen klaren Gedanken konnte er in der Situation allem Anschein nach nicht fassen. Erst der brüllende Manni brachte ihn zur Räson. Die Standpauke in der Mittagspause und beim Abendessen kann sich sicher jeder ausmalen.

Hätten wir am letzten Jagdtag Flinten dabeigehabt, wäre es ein echtes Spektakel geworden. Die ersten Treiben im Schilf brachten uns mehr Fasanenhähne als Sauen. Erst im letzten Treiben vor der Mittagspause sollten wir wieder an ausreichend Schwarzwild geraten.

Wäre eine Alternative! (Foto: ©Piotr Gibowicz/stock.adobe.com)

Zwischen Josef und Uli bezog ich meinen Stand vor Kopf des Treibens. Nach vorn hatte ich nur ein sehr begrenztes Schussfeld, zu dicht war der Unterwuchs. Hinter mir erstreckte sich zu Josef hin eine dichte Verjüngung und in Richtung Uli ein offener Kahlschlag. Ich stand genau auf der Grenze zwischen beiden Parzellen. Die Rotte schob sich zunächst vor mir durch den Bestand und ging quer zur Schützenkette. In einem etwas offeneren Bereich versuchte ich mein Glück, und auf nur 20 m lag der erste Frischling im Feuer. Die Rotte drehte ab, bekam aber so viel Druck von den Treibern, dass sie uns nach wenigen Minuten wieder anwechselte. Dieses Mal durchbrach sie zwischen Josef und mir die Schützenkette.

Wir konzentrierten uns auf die Frischlinge und brachten mehrere Schüsse ins Ziel. In Sichtweite blieb allerdings keine Gestreifte liegen, alle machten noch ein paar Meter in die dichte Verjüngung. Nun hieß es Geduld bewahren und auf das Ende des Treibens warten. Unser Heißsporn Willi indes löste sich zwei Stände rechts von mir noch auf eine starke Sau. Wie fast zu erwarten, stellte sich am Stück heraus, dass es die Bache zu unseren Frischlingen war. Wieder kein Keiler, Willi schien zu verzweifeln. Die Treiber versammelten sich in unserem Bereich und begannen mit der Nachsuche auf die beschossenen Frischlinge. Der erste lag nur etwa 10 m in der

Dickung, die beiden anderen hatten noch gut 30 m gemacht. Die Fläche war recht unwegsam, überall quer liegende Äste zwischen dichten Verjüngungshorsten. Gut 20 Minuten suchten wir gemeinsam die Fläche ab, um dann abzubrechen und zur Mittagspause zu blasen. Eben noch zurück zum Stand, um meinen Rucksack und Sitzstock zu holen, und dann Richtung Deich zum Wagen.

Beim Griff an den Schaft meiner Waffe fuhr mir ein Schreck durch die Glieder. Da fehlte was. Ein kurzer Blick, und meine Befürchtungen sollten sich bestätigen. Der Kammerstängel war aus dem Repetierverschluss gerutscht und verschwunden. Mit Händen und Füßen bemühte ich mich, den Treibern mein Problem zu erklären und sie zur Hilfe aufzufordern. Wir suchten wild durcheinanderlaufend, später eine Kette bildend, aber nichts. Wieder einmal schien die Jagd für mich frühzeitig beendet zu sein, wie beim Dilemma mit meiner zerbrochenen Brille im Börzsöny-Gebirge. Die Mittagspause neigte sich langsam, aber sicher dem Ende zu. Immer noch kein metallisches Glänzen im Kraut. Dem Rest der Gruppe schienen die Brote gut zu schmecken. Ein wenig enttäuscht war ich schon, dass sich keiner an der Suche beteiligte. Winni, Wolfgang und Uli waren schließlich die ersten, die sich vom Deich aus in meine Richtung bewegten. Bei mir angekommen, beschrieb ich ihnen kurz die Situation und setzte dann verzweifelt die Suche fort. Nur wenige Minuten später und höchstens 20 m vom Weg entfernt dann das erlösende Rufen von Winni. Beim ersten Gang über den Kahlschlag hatte er den Kammerstängel gefunden. Nicht versteckt im Gras oder unter Astwerk, sondern völlig offen lag er am Boden. Ich fiel ihm vor Freude um den Hals, während er mir berichtete, dass er auf dem Weg vom Deich zum Ort des Geschehens zum heiligen Antonius gebetet hatte. Gemäß Überlieferung war dem heiligen Antonius von Padua ein für ihn wichtiges Buch abhandengekommen. Ein junger Mönch hatte es beim Verlassen des Klosters mitgehen lassen. Diesen plagten fortan schlimme

Verliere nie den Kammerstängel! (Foto: ©Michael Schippers/stock.adobe.com)

Gewissensbisse, und er brachte das Buch nach einiger Zeit zurück. Die Gebete des Antonius waren erhört worden, und so erhielt er seine heilige Bestimmung. Bei verlorenen, vergessenen oder verlegten Dingen rufen wir im Gebet den heiligen Antonius an, und der Gegenstand taucht nach kurzer Zeit wieder auf. Hätte ich es nicht erlebt, würde ich ungläubig schmunzeln.

Wieder im Rennen, lag mein Stand erneut zwischen Josef und Uli. Es waren die letzten drei Stände in der Schützenkette vor Kopf. Lange blieb es ruhig, bis eine stärkere Sau zwischen Uli und mir aus dem Treiben flüchtete. In vollem Tempo fuhren wir beide mit. Uli gab zwei Schüsse ab, ich einen. Ansonsten blieb es im Treiben weiter ruhig. Zusammen mit dem Jagdleiter prüften wir den Anschuss und fanden schnell ausreichend Schweiß. Er bat uns zu warten, rief einen anderen rumänischen Jäger herbei und wies uns an, diesem zu folgen. Die Schweißfährte war deutlich im Laub auszumachen. Nach gut 80 m endete der Hochwald und ging in eine Verjüngung über. Hohes Gras und einzelne Röhrichtkolben füllten den Raum zwischen den noch jungen Bäumen. Allenthalben waren stark belaufene Wechsel auszumachen, und über einen davon führte die Schweißfährte der Kranken. Der Rumäne forderte uns auf, die Waffen zu laden. Im Gänsemarsch quälten wir uns durch die Dickung, kaum Sicht, uns wurde immer mulmiger. Genau dies, einer kranken stärkeren Sau im unübersichtlichen Unterholz folgen, das würde ich in heimischen Revieren niemals machen. Das konnte wirklich gefährlich werden.

Meter um Meter folgten wir dem Jäger, immer wieder kurz verhoffend, um zu hören, ob die Sau vor uns im Wundbett läge. Bestimmt 100 m hatten wir so bereits zurückgelegt, da fuhr uns ein Schuss durch die Glieder. Der Rumäne begann zu brüllen. Nicht weit von uns entfernt war ein weiterer Jäger in der Dickung und hatte der Kranken einen Fangschuss gegeben. Nach kurzer Verwirrung rief uns dieser zur inzwischen verendeten Sau. Vor uns lag

Nicht ungefährliche Nachsuche (Foto: ©Morev_N/stock.adobe.com)

ein jüngerer Keiler, der etwa 80 kg auf die Waage bringen sollte. Nur kurz prüften wir die Einschüsse, um dann die Sau mir zuzuordnen. Beide beglückwünschten mich mit einem Weidmannsheil, und als Schützenbruch wurde mir die Feder eines Röhrichtkolbens an den Hut gesteckt.

Als uns wenig später die Treiber entgegenkamen, dachten wir, dass sie die Sau bergen wollten, aber in Wirklichkeit stellten sie sich schon zum nächsten Treiben auf. Die Schützen in der Kette hatten nur die Seite der Schneise gewechselt und erwarteten auf gleichem Platz das nächste Treiben. Für Uli und mich blieb nicht genügend Zeit, um dorthin zurückzukommen. Unser Nachsuchenführer geleitete uns deshalb seitlich aus dem Treiben. Zwischen Dickung und Deich lagen nur etwa 100 m sowie ein kahles, vergrastes Wasserauffangbecken, das wir gemeinsam Richtung Mannschaftswagen durchquerten. Die Treiber gaben inzwischen unentwegt Laut.

Jägerglück

Völlig unerwartet wechselte wie aus dem Nichts eine starke Sau in das Becken. „Bitte schießen!“, so die Order des Rumänen. Uli weigerte sich standhaft, da die Entfernung bis zum Ende der Mulde bestimmt 200 m betrug. Noch mit dieser Sau beschäftigt, flüchtete schon das nächste Schwein in unserem Rücken über die Freifläche. Sie hatte den Deich schon fast erreicht, sodass auch hier ein Schuss nicht mehr angebracht war. Uli und ich schauten uns ungläubig an. Warum nur wählten die Sauen diesen riskanten Fluchtweg?

Tagesstrecke mit Treibern

Und schon kam die nächste in Anblick, etwas näher, aber am Rand der Dickung. Dieses Mal versuchte Uli sein Glück, er fehlte zweimal. Fast im Spaß verkündete er mir, dass er nun raus sei und die nächste mir gehören würde. Wir hatten wirklich nicht damit gerechnet, aber tatsächlich wagte eine vierte keine 50 m von uns entfernt die Flucht durch das Becken. Schon der erste Schuss muss gesessen haben, spätestens aber beim zweiten lag die Sau auf der Schwarte. Wieder ein Keiler, dieses Mal aber gut über 100 kg schwer und mit kapitalen Waffen gesegnet. Ich konnte mein Glück kaum fassen.

Wir entluden beide unsere Büchsen, hatten wir doch in den letzten Minuten wirklich Außergewöhnliches erlebt. Das Treiben dauerte noch etwa eine halbe Stunde. Uli und ich beobachteten das Ende unserer Jagd in den rumänischen Donauauen vom Deich aus. Wie am Vortag betrug die Tagesstrecke 16 Sauen, davon fünf Keiler, fünf Bachen und sechs Frischlinge. Die Vermessungsprotokolle der Keilerwaffen wurden uns am nächsten Tag vor der Abreise von Attila übergeben. 13,3 und 13,9 cm wiesen meine beiden jüngeren Keiler auf. Der Kapitale hingegen hätte richtig teuer werden können. Die Haderer knuffig und von mächtigem Umfang, das erste der beiden Gewehre mit einer Länge von 22,0 cm, das zweite abgebrochen und nur 10,6 cm lang, im Schnitt also 16,3 cm. Attila entschuldigte sich beinahe für die verpasste Goldmedaille, aber mir war es so schon ganz recht, und das Jagderlebnis hatte für mich mindestens den gleichen Stellenwert.

Jagd:	Drückjagd auf Schwarzwild
Ort:	Zimnicea, Große Walachei, Rumänien
Revier:	Donauauen
Datum:	Januar 2018
Strecke:	45 Sauen, 5 Goldschakale, 1 Fuchs
Anzahl Schützen:	10
Schussverhältnis:	1 : 3,2
Vermittler:	Merle Jagdreisen

756
©Mike Mareen/stock.adobe.com

ASP

Zwei Jahre lag die letzte gemeinsame Drückjagdreise meiner Jagdgruppe nun schon zurück. Gern hätten wir unserer Jagd in den rumänischen Donauauen eine zweite folgen lassen, aber der Reisevermittler hatte in der Zwischenzeit die Mindestanzahl von zehn auf zwölf Jäger erhöht. Da Jungjäger Willi und zwei weitere aus privaten Gründen absagen mussten, war uns eine Buchung mit nur sieben festen Zusagen zu heikel. Hätten wir die geforderte Mindeststärke der Gruppe nicht zusammenbekommen, hätten wir die Kosten auf alle verteilen müssen, und die Jagdreise wäre schlichtweg zu teuer geworden. Mangels Alternativen und einer ausreichenden Anzahl an Teilnehmern sagten wir schweren Herzens unsere Reise für 2019 ganz ab.

Im Folgejahr regte sich jedoch bei vielen wieder großes Interesse. Auch Klaus war endlich wieder an Bord und übernahm sogleich die Organisation. Er holte zahlreiche Angebote bei den uns bekannten Vermittlern ein. Von Polen über Ungarn und Kroatien bis Rumänien waren viele der uns bekannten Jagdländer wieder dabei. Bei der Auswertung der Reiseziele wurden Zubucherjagden aus bereits erwähnten Gründen sofort ausgeschlossen. Wir schätzten es seit Jahren, unter uns zu jagen, und dies sollte auch so bleiben. Flugpläne wurden geprüft und mit den uns angebotenen Jagdterminen abgeglichen.

Erstmals musste aber auch das Auftreten der Afrikanischen Schweinepest in unsere Überlegungen miteinbezogen werden. So wurden die Karten des Friedrich-Löffler-Instituts und der EU im Vorfeld eingehend studiert. Erstaunlich, wie viele Jagden uns in betroffenen oder gefährdeten Gebieten angeboten wurden. Rumänien schied sofort aus. Hier fand man kaum noch ein Fleckchen, das nicht mit roten Punkten übersät war und aktuelle Fälle der ASP unter Haus- und Wildschweinen aufwies. Auch der Osten Polens kam nicht mehr infrage, und leider reihte sich auch das Börzsöny-Gebirge als gefährdetes Gebiet in die Sperrzone ein. Der Ungar Zoli spielte das Problem zwar herunter, aber uns war klar, dass wir an dieser Stelle kein Risiko eingehen wollten. War die ASP lange weit entfernt und ein eher weißrussisches oder baltisches Problem, so waren wir längst durch das Auftreten der Seuche im Dreiländereck Belgien, Frankreich und Luxemburg, nahe der von uns viel bejagten Eifel, sensibilisiert. Schnell kristallisierte sich heraus, dass nur noch Jagden im Westen Polens für uns infrage kamen. Diese Einschränkung hatte aber auch durchaus Vorteile. Einige alte Gefährten, denen aufwendige und zeitraubende Reisen mit dem Flugzeug oder Zug inzwischen zu anstrengend geworden waren, stießen wieder zur Gruppe. Der Westen Polens war einfach und schnell zu erreichen, und es lockte eine gesellige Fahrt in zwei Kleinbussen. Nur mein guter Jagdfreund Josef und sein Schwiegersohn Uli waren dieses Mal bedauerlicherweise nicht dabei. Beiden ging die Buchung unserer Reise nicht schnell genug, und sie wollten eine Absage, wie im Jahr zuvor, vermeiden. So schlossen sie sich frühzeitig einer anderen Jagdgruppe an. Hätten sie gewusst, dass von den ursprünglich acht Interessierten am Ende nur vier übrig blieben und man sich in eine Zubuchergruppe einordnen musste, wäre ihre Entscheidung sicherlich anders ausgefallen.

Trotz alledem freute sich eine 13 Jäger starke Gruppe bereits ab Ende August auf unsere gemeinsame Jagdreise nach Lubiszyn in der Woiwodschaft Lebus, unweit der deutsch-polnischen Grenze.

Aufbruch zur Jagd (Foto: ©gsshot/stock.adobe.com)

Am 20.11.2019 brach dann überraschend und völlig unerwartet im südlichen Teil der Woiwodschaft Lebus die Afrikanische Schweinepest aus. Die ASP hatte von den bekannten Seuchengebieten im Osten Polens einen isolierten Sprung von 250 km nach Westen geschafft und rückte nun bedrohlich nahe an die deutsche Grenze. Auch wenn der Ausbruchsherd in der Nähe von Zielona Góra noch über 100 km von unserem Reiseziel entfernt lag, war es schon erstaunlich, dass sich unser Reisevermittler erst kurz vor Weihnachten bei uns meldete. Das gebuchte Revier würde zwar noch keine akuten Fälle aufweisen und wäre aktuell auch noch weit vom Seuchengeschehen entfernt, aber man möchte dem Risiko einer kurzfristigen Absage aus dem Weg gehen und böte uns deshalb zu gleichen Konditionen ein Ersatzrevier 130 km weiter nördlich an.

Wir hatten gerade eingewilligt, da kam auch schon das Dementi. Noch vor Ende des Jahres teilte man uns mit, dass das vorgesehene Ersatzrevier auf die Schnelle keine Drückjagd organisieren könne und man nun doch bei dem ursprünglichen

Revier bleiben werde. Die ASP wäre aktuell noch 60 km entfernt, und das Revier befände sich in keiner ausgewiesenen ASP-Gefährdungszone.

Die Drähte liefen heiß, und uns war nicht wohl bei der Sache. Auf der anderen Seite waren wir aber auch durch die Bedrohungslage in Belgien schon seit mehr als einem Jahr vorbereitet und gewohnt, mit der Gefahr umzugehen. Meine Einladung zur Drückjagd in unser Revier in der Eifel war mit den Hinweisen zu den gängigen ASP-Verhaltensregeln eine Seite länger geworden, und die von der Verbandsgemeinde bereitgestellten Desinfektionssets wurden konsequent eingesetzt.

Auch juristisch wäre gegen das Vorgehen des Reisevermittlers kaum vorzugehen gewesen. Eine Absage der Jagd hätte unweigerlich erhebliche Stornokosten nach sich gezogen. So entschieden wir uns nach Abwägung aller Fakten, die Reise anzutreten. Wir vereinbarten aber gleichzeitig, dass wir uns streng an bestimmte Regeln halten wollten. Kein unnötiger Kontakt mit dem Wild beim Wildbergen, Aufbrechen oder an der Strecke, kein Befahren des Reviers mit unseren eigenen Autos, kein Mitnehmen von Jagdtrophäen, die nicht nachweislich desinfiziert wurden, und natürlich hatten wir ein Desinfektionsset zum Reinigen unserer Jagdausrüstung und -kleidung dabei. Trotz aller Unsicherheiten freuten wir uns nun endlich auf drei gemeinsame Drückjagdtage in Polen.

Polnische Bracke am Wild (Foto: ©eAlisa/stock.adobe.com)

Der Jagdverein Szarak Lubiszyn war unser Gastgeber. Das 12.000 ha große Revier bestand zu zwei Dritteln aus Mischwald, der Rest war durch meist landwirtschaftliche Nutzflächen oder Brachen geprägt. Das als Schwarzwildkerngebiet ausgewiesene Revier ließ einiges erhoffen, und vielleicht hatte ja der ein oder andere von uns das Glück, einen der drei in der Pauschalvereinbarung inbegriffenen III-er Hirsche bis zu 5 kg Geweihgewicht zu erlegen.

Unsere Unterbringung war ein kleines Hotel im Stil eines Motels. Es lag abseits eines Dorfes im Grünen und bot für unseren Zweck einen guten Komfort. Wie zu erwarten, fehlte es etwas an jagdlichem Flair, und auch nach einem gemütlichen, separaten Raum im Restaurant hielt man vergeblich Ausschau, aber wie gewohnt machte unsere gute Gemeinschaft vieles wett.

Vor Ort wurden wir von Maciej betreut. Er war uns als Dolmetscher angekündigt, entpuppte sich aber als selbstständiger polnischer Jagdreisevermittler, dessen Kontakte sich unser deutscher Vermittler bediente, um sein Angebot in Polen zu erweitern. Maciej war äußerst zurückhaltend und ein angenehmer Zeitgenosse. Er beteiligte sich an der Jagd und schoss eine exzellente Kugel. Meist wurden ihm Randstände zugewiesen, um die Treiben besser abzustellen und so die Chancen für alle zu erhöhen. Dabei konnte er die ein oder andere Sau erlegen, störte aber nicht im Geringsten unser jagdliches Tun.

Gemütliches Jagdvereinsheim (Foto: ©Alexey Kuznetsov/stock.adobe.com)

Morgendlicher Treffpunkt war das Jagdhaus des Vereins. Das kleine Gehöft beherbergte alle für die örtlichen Jäger notwendigen Räumlichkeiten, wie einen großzügigen, mit Trophäen gezierten Aufenthaltsraum mit angeschlossener Küche, aber auch eine Kühlkammer mit Zerwirkraum. Die benachbarte Scheune diente zur Unterbringung des vereinseigenen Fuhrparks. Hinter den Gebäuden lag ein ausreichend großer Streckenplatz mit vorbereiteten Feuerstellen an den Ecken.

Nach herzlicher Begrüßung der Jäger, Treiber und Hundeführer erfolgte die offizielle Begrüßung zur Jagd durch unseren Jagdleiter Cezary und eine kleine Bläsergruppe, die wir um drei zusätzliche Hörner ergänzen konnten. Schon hallte das Signal „Aufbruch zur Jagd“ in die Morgendämmerung.

Wichtiges Brauchtum!

Vom Jagdhaus aus war es nicht mehr weit bis in die einzelnen Revierteile. Das eher flache und nur gelegentlich leicht wellige Gelände kam den Älteren in unserer Gruppe entgegen. Die Treiben wurden meist u-förmig mit ein oder zwei Schützen auf den Flanken abgestellt. Wolfgang war wie schon des Öfteren derjenige, der das erste Stück Wild strecken sollte. Gleich im ersten Treiben legte er von seinem Stand auf der Flanke einen Überläufer auf die Schwarte.

Ich hatte auf der gegenüberliegenden Seite, einem stillgelegten Bahngleis, zwar Anblick, aber keine Schussmöglichkeit. Bis zum fünften Treiben des Tages musste ich mich gedulden. Der Weg, auf dem die Schützenkette aufgereiht war, bot kein sicheres Schussfeld. Wir standen einfach zu eng, als dass ein ausreichend sicherer Schusswinkel möglich war. So bemühte ich mich, meinen Stand durch leichtes Verschieben so zu verändern, dass sich für mich im vor mir liegenden Altholz ein oder zwei passende Schussschneisen ergaben. Jenseits des Weges blieben nur wenige Meter Platz, da dichte Strauchvegetation die Sicht tiefer in den Bestand versperrte.

Ich konnte den Überläufer schon von Weitem kommen sehen. Er hatte volles Tempo, dennoch blieb mir genügend Zeit, mich auf der passenden Schneise fertig zu machen. Hoffentlich würde die Sau die Richtung halten! Die wenigen Sekunden, bis ich endlich in Anschlag gehen konnte, wurden zu Minuten. Ja, die Sau war schnell, aber wirklich so schnell? Ich hatte ihre Geschwindigkeit völlig falsch eingeschätzt. Der Schuss fehlte deutlich und ließ die Sau nicht langsamer werden. Bis zum Weg ergab sich keine weitere Möglichkeit, und ich hob die Waffe umgehend über die Schützenkette und ging im Bereich hinter dem Weg in Anschlag. Jetzt half nur noch, die Sau in die Kugel laufen zu lassen, an ein Mitschwingen war aus Platz-

und Zeitmangel nicht mehr zu denken. Als es schwarz wurde, drückte ich ab, und die Sau brach umgehend hinten ein. Der Treffer ließ mir etwas Zeit, einen Fangschuss anzusetzen, und ich freute mich über meine erste Beute auf dieser Reise. Sieben Sauen und ein Reh lagen am Abend auf der Strecke. Kein überwältigender Jagdtag, aber einigermaßen solide. Und welcher Jagdleiter packt schon direkt am ersten Tag seine Rosinen aus?! So, oder ähnlich werteten wir den Beginn unserer Reise und feierten am Abend die Schützen des Tages.

Hundegespanne

Schon am ersten Jagdtag hatten wir eine gut eingespielte Treiberwehr und exzellente Hundeführer erlebt. Die Hundemeute bestand dabei ausschließlich aus Polnischen Bracken. Die auch Ogar Polski genannte Bracke hat eine lange Geschichte und wurde erstmals im 17. Jahrhundert erwähnt. Lange gehörte es beim polnischen Adel zum guten Ton, französische Jagdhunde zu führen. Vermutlich ist deshalb auch der belgisch-französische St. Hubertushund (Bloodhound) aus den Ardennen zu den Vorfahren der Polnischen Bracke zu zählen. Nach dem Zweiten Weltkrieg war die Rasse fast völlig verschwunden, und erst 1959 begann man in Polen wieder mit ihrer systematischen Zucht. Seit 1964 ist die Polnische Bracke als Rasse offiziell von der FCI (Fédération Cynologique Internationale) anerkannt.

Die mittelgroßen Hunde bestechen durch ihren kräftigen und kompakten Körperbau, der vor allem auf Kraft und Ausdauer, weniger auf Schnelligkeit ausgelegt ist. Ideale Voraussetzungen, um schonend auf Schalenwild zu jagen. Sie verfolgen das Wild ruhig und bedächtig, aber immer ausdauernd und auch unter schwierigsten Bedingungen. Ihren Spitznamen „Podzary" verdanken die Hunde ihrer Zweifarbigkeit. „Podzary" bedeutet in der polnischen Jägersprache so viel wie „verbrannt" und beschreibt bildhaft den schwarzen Mantel, der sich über deren Körper legt und nur Kopf, Behang, Gliedmaßen und Brustbein in der rotbraunen Grundfarbe belässt. Gemäß polnischem Jagdgesetz ist ihr Einsatz auf der Jagd heute nur noch auf Schwarzwild erlaubt. Auf der warmen Fährte jagen sie mit vollem Laut. Dabei klingen ihre Stimmen durchaus verschieden, und geübte Führer sollen erkennen können, an welchem Wild die Hunde gerade arbeiten. Auch auf der Schweißfährte sagt man ihnen hervorragende Leistungen nach, wobei ich dies nach einer vergeblichen Nachsuche am dritten Jagdtag nicht bestätigen konnte. Aber wer weiß, wie eingearbeitet der bei dieser Nachsuche eingesetzte Hund tatsächlich war.

Den Hohlweg rechts von mir konnte ich aus Sicherheitsgründen kaum bejagen, aber in der anderen Richtung war der Weg frei. Der nächste Schütze stand weit genug um die Ecke des Treibens. Hohe Holzpolter entlang des Weges versperrten an einigen Stellen die Wechsel. Das Geläut der Bracken war schon von Weitem zu hören, und es näherte sich stetig. Da das Wild meist mit einigem Vorsprung vor den eher langsam jagenden Hunden kam, hieß es, sich rechtzeitig fertig zu machen.

Meute Polnischer Bracken (Foto: ©eAlisa/stock.adobe.com)

Die Frage war nur, wo das Wild den Weg queren würde. Ich hörte es in der Dickung deutlich knacken, aber sogleich wurde es auch schon wieder ruhiger. Die Hunde waren nun schon recht nahe, und mir schien die Chance längst vergeben. Dann kamen die sieben Überläufer doch noch kurz in Anblick. Auf 150 m wechselten sie im Troll aus dem Treiben. Keine Chance, da war nichts zu machen. Die Sauen brachen einen Hang hinunter und hielten schnurstracks auf einen See zu. Ich vermutete, dass sie versuchen würden, sich im Schilfstreifen davonzustehlen. Aber nichts davon, ohne zu zögern sprang die Rotte ins Wasser und schwamm behände auf die gegenüberliegende Seite des Gewässers. Einer unserer Fahrer machte von diesem Naturschauspiel ein Video und dokumentierte damit, welch hervorragende Schwimmer unsere Schwarzkittel sein können.

Am Ausstieg wäre ein guter Stand gewesen, verhoffen hier Sauen doch meist kurz, um das Wasser aus ihrer Schwarte zu schütteln. Aber gut, dieses Mal waren sie cleverer und machten sich deshalb auch völlig zu Recht unbeschossen davon.

Nach einem Reh am zweiten Jagdtag sollte ich am Abschlusstag dann doch noch die ein oder andere Chance auf Sauen bekommen. Es war noch dämmrig, als ich meinen Stand im ersten Treiben einnahm. Der Nadelholzbestand vor mir lag beinahe noch im Dunkeln. Hoffentlich ließen sich die Treiber noch etwas Zeit, da-

Schwimmen besser als vermutet! *(Foto: ©Xaver Klaussner/stock.adobe.com)*

mit endlich ausreichend Büchsenlicht aufkommen konnte. Der Gedanke war noch nicht zu Ende gedacht, da kam die Rotte auch schon in Anblick. Schemenhaft, aber deutlich konnte ich sie im Bestand vor mir ausmachen. Die Leitbache musste das Geschehen geahnt haben und führte ihre Rotte nun ruhig und ständig sichernd aus dem Treiben. Die Sauen verhofften auf etwa 60 m, aber das fehlende Büchsenlicht machte mir ein Einschätzen der Entfernung schwer. Kurz hatte ich vermeintlich einen Frischling frei im Glas, aber nicht den Mut abzudrücken. Schon waren die Teller der Bache wieder auf Habachtstellung, und die Rotte zog langsam von dannen. Keine Viertelstunde später war es hell, und ich ärgerte mich schon ein wenig, die Chance nicht ein paar Minuten später bekommen zu haben.

Im zweiten Treiben sollte es besser laufen. Ich war froh, nicht zu denjenigen zu gehören, die ihre Stände auf dem Weg zwischen dem dichten Fichtenjungwuchs und der gezäunten Anpflanzung erhalten hatten. Jedes größere Loch im Zaun wurde besetzt, und die Schützen mussten sich auf Schüsse in kürzester Distanz einstellen. Mein Stand hingegen lag um die Ecke herum und war der erste vor Kopf. Auch hier war an Schüsse in das Treiben nicht zu denken, zu dicht war der Bestand, aber jenseits des Weges waren einige Bereiche gut einsehbar. Das Treiben steckte voller Sauen, und bald schon versuchte eine Rotte weit vor den Treibern, zwischen mir und Wolfgang das Treiben zu verlassen.

Etwa 20 m hinter dem Weg rollierte der erste Frischling, und mir bot sich die Möglichkeit, einen zweiten Versuch folgen zu lassen. Auch dieser Frischling zeichnete im Schuss deutlich, machte sich aber gleich wieder auf die Läufe. Er zog nur noch langsam, und ich versuchte verzweifelt, im immer dichter werdenden Unterholz einen weiteren Schuss anzubringen. Der erste ging klar vorbei, aber beim zweiten hatte ich ein gutes Gefühl. So berichtete ich stolz den Treibern nach Abblasen der Jagd, dass zwei Sauen liegen müssten.

Doch zu früh gefreut! Die Einschussstelle im Baum war deutlich zu erkennen, und vom zweiten Frischling fanden wir weit und breit keine Spur. Am vermeintlichen Anschuss dann einige Tropfen Schweiß, aber einen richtigen Reim konnten wir uns aus den Pürschzeichen nicht machen. Wie schon erwähnt, blieb auch die unmittelbar angesetzte Nachsuche erfolglos. Der Hund bestätigte die Fährte zwar einige Meter, begann aber sehr schnell, herumzufaseln. Vielleicht war er zu müde, zu jung, zu unerfahren, ich weiß es nicht. Man versicherte mir auf alle Fälle, am nächsten Tag noch einmal einen frischen Hund ansetzen zu wollen.

Auch im dritten Treiben war ich nahe am Geschehen. Ein Graben trennte unsere Stände auf der Flanke von einer großen Röhrichtfläche. Getrieben wurde der Wald vor uns, durch das Schilf in unserem Rücken arbeitete sich nur ein einziger Treiber. Auf der Schneise vor mir konnte ich kurz einen Schatten ausmachen. Aber Genaueres war nicht anzusprechen.

Nur wenige Minuten später wechselte ein Überläuferkeller meinen Nachbarn Thomas an. Spät erst konnte er ihn ausmachen und war dann völlig überrascht, dass ihm die Sau auf nur wenige Meter kam. Hektisch erhob er sich vom Sitzstock, und schon krachte es. Ihm war ungewollt ein Schuss fliegen gegangen. Puh, das war gefährlich und für alle Be-

Warnkleidung dient der Sicherheit! (Foto: ©RobertNyholm/stock.adobe.com)

Hoffentlich nicht zum letzten Mal!

teiligten äußerst unangenehm. Die Sau querte den tiefen Graben und machte sich im Röhricht davon. Ich versuchte noch, durch die Sträucher ein freies Schussfeld zu bekommen. Doch als ich sie endlich im Glas hatte, fiel völlig unerwartet ein Schuss von einem meiner Nachbarn, der die Sau zusammensacken ließ. Aber wer hatte geschossen? Thomas konnte es nicht gewesen sein, das hätte ich deutlich gehört. Vielleicht war es Winni, der am Ende der Röhrichtfläche auf einem Hochsitz Posten bezogen hatte? Aber von dort aus waren es bestimmt 250 m.

An Maciej hatte ich gar nicht gedacht. Er saß einen Stand weiter als ich, allerdings ebenfalls erhöht auf einem Hochsitz, und hatte von dort einen guten Überblick. Auch er hatte zur Sau bestimmt 150 m, aber letztlich das Glück des Tüchtigen. Der Treiber im Schilf berichtete später, er habe das Zischen der ungewollt abgegebenen Kugel gehört. Thomas wurde kreidebleich und entschuldigte sich vielmals. Der Jagdtag endete an einer stattlichen Strecke von 18 Sauen und einem Rothirsch. Winni war der Glückliche, der im letzten Treiben unserer Jagdreise dieses Bonbon im Pauschalangebot nutzen konnte.

Heute, anderthalb Jahre nach dem ersten Auftreten der ASP im Westen Polens, ist das von uns bejagte Revier gemäß EU-Durchführungsverordnung zwar als Sperrzone der Kategorie I ausgewiesen, akute Fälle unter Haus- und Wildschweinen wurden aber bisher noch nicht nachgewiesen.

Es bleibt nur zu hoffen, dass die bislang ergriffenen Maßnahmen im geplanten Umfang greifen und die Jäger in Lubiszyn, aber vor allem die örtlichen Schweinehalter von diesem Desaster weiterhin verschont bleiben.

Jagd:	Drückjagd auf Schwarzwild und Rehwild
Ort:	Lubiszyn, Woiwodschaft Lebus, Polen
Revier:	Szarak Lubiszyn
	12.000 ha (davon 8.500 ha Wald)
Datum:	Januar 2020
Strecke:	1 Rothirsch, 29 Sauen, 4 Rehe
Anzahl Schützen:	13
Schussverhältnis:	1 : 2,3
Vermittler:	Westfalia Jagdreisen

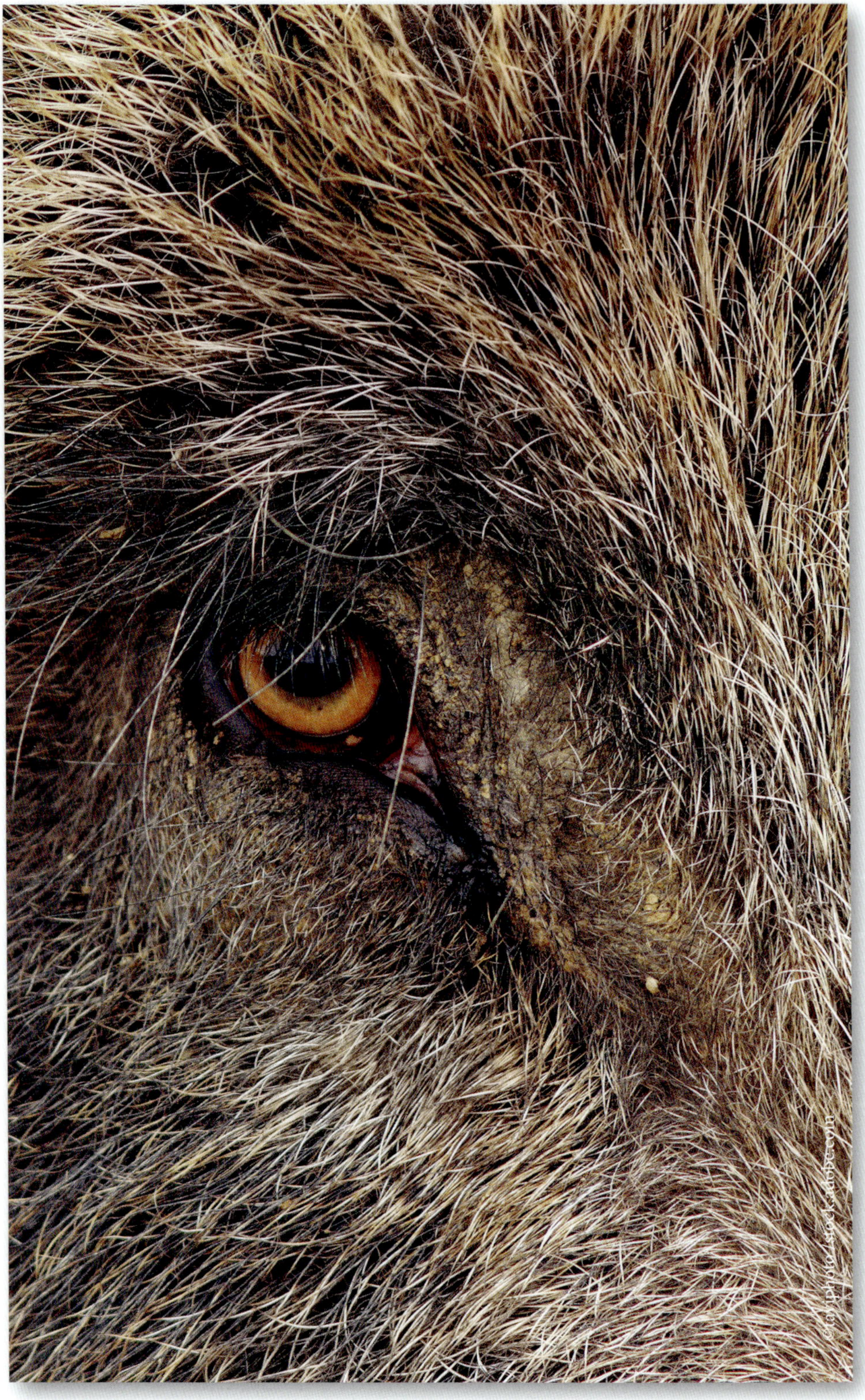
©taviphoto - stock.adobe.com

Nachwort

Viel zu oft mussten wir in den vergangenen zwei Jahren im Zuge der Coronapandemie unsere Reisepläne einstampfen. Viel zu oft haben wir unseren schottischen Jagdfreund David in dieser Zeit vertröstet. Viel zu oft haben wir auf die Geselligkeit nach den Jagden in unseren Revieren verzichtet. Egal, ob in heimischen Gefilden oder in fernen Ländern, Jagen allein bereitet weniger Freude als Jagen in der Gemeinschaft. Erst recht, wenn diese aus guten Freunden besteht.

Immer wenn ein „Neuling" zur Jagdgesellschaft meiner so geliebten „Südhang-Jagd" stößt, beschwöre ich es bei der morgendlichen Ansprache aufs Neue: Jagen unter Freunden. Zwei bis drei Handvoll Schützen, mehr nicht. An einem Sonntagmorgen, ganz spontan. Vorher einen Kaffee am Fenster und anschließend selbst geschmierte Brote. Jeder kennt jeden, jeder packt mit an, und jeder kann sich auf jeden verlassen. So wie in meiner Drückjagdgruppe, mit der ich schon so lange zusammen jage. Im südexponierten Dornenhang kann unter jedem Schwarzdorn eine Sau sitzen oder auch nicht. Mal wechseln die Schwarzkittel am Hangfuß über den Bach, mal steuern sie zielgerichtet den Felsen am Kopf des Treibens an und laufen den Schützen dort fast über die Füße. Der Stand am Teich ist schon länger ruhig, wird aber immer noch besetzt. Man weiß ja nie. Der Königsstand in der Mitte des Hanges zwischen zwei Dornenkomplexen ist letztlich auch kein sicherer Garant. Das eine Mal liegt nur ein Fuchs auf der Strecke, das andere Mal verblasen wir zwölf Sauen. Alle wissen dies, und alle lieben dies.

Mir hat es große Freude bereitet, dies alles niederzuschreiben. Mir war es wichtig, dies alles niederzuschreiben. Bestärkt und aufgemuntert haben mich Klaus, der Kopf meiner Drückjagdgruppe, Josef, mein guter alter Jagdfreund, Heike, meine Schulfreundin, die inzwischen in Österreich jagt, und Stefan, der ehemalige Obmann für Öffentlichkeitsarbeit unserer Kreisjägerschaft. Den unverhofften Segen hat der Verlag Müller Rüschlikon gegeben, und die Lektorin, Angelika Glock, hat mir mit ihrem Lob „Man möchte nicht aufhören weiterzulesen!" ein wenig Röte ins Gesicht gezaubert. Von Herzen gilt ihnen mein Dank.

Die Jagd auf Schalenwild hat ihren Reiz, aber mein Herz hängt an der Niederwildjagd. Mit ihr bin ich aufgewachsen, ihr habe ich meine Passion zu verdanken, und ihr werde ich meine nächsten Zeilen widmen. Aber da rufen schon unsere Welpen!

Dirk Decker

Weitere interessante Bücher aus dem Verlag Müller Rüschlikon

Anke Benstem / Jürgen Borris
Wolfsbegegnungen
Von Wölfen in freier Wildbahn
160 Seiten, 200 Bilder
ISBN: 978-3-275-02216-8
€ 29,90 | **€** (A) 30,80

Volker Pesch (Hrsg.)
Lust auf Jagd
Argumente – Standpunkte – Perspektiven
208 Seiten, 120 Bilder
ISBN: 978-3-275-02248-9
€ 34,90 | **€** (A) 35,90

Gert G. von Harling
Wohin die Jagd mich rief
Abenteuergeschichten auf vier Kontinenten
160 Seiten, 80 Bilder
ISBN: 978-3-275-02233-5
€ 19,95 | **€** (A) 20,60

Gert G. von Harling
Jagd-Geschichten
zwischen Tag und Traum
160 Seiten, 67 Bilder
ISBN: 978-3-275-02128-4
€ 19,95 | **€** (A) 20,60